교육의 힘으로
세상의 차이를 좁혀 갑니다

차이가 차별로 이어지지 않는 미래를 위해
EBS가 가장 든든한 친구가 되겠습니다.

모든 교재 정보와 다양한 이벤트가 가득!
EBS 교재사이트 book.ebs.co.kr

본 교재는 EBS 교재사이트에서
eBook으로도 구입하실 수 있습니다.

KB263292

수능특강 Q

미니모의고사

수학영역 | 미적분

기획 및 개발

EBS 교재 개발팀

본 교재의 강의는 TV와 모바일 APP, EBS*i* 사이트(www.ebsi.co.kr)에서 무료로 제공됩니다.

발행일 2024. 10. 1. 1쇄 인쇄일 2024. 9. 24. 신고번호 제2017-000193호 펴낸곳 한국교육방송공사 경기도 고양시 일산동구 한류월드로 281
표지디자인 디자인싹 편집 글사랑 인쇄 팩컴코리아㈜
인쇄 과정 중 잘못된 교재는 구입하신 곳에서 교환하여 드립니다. 신규 사업 및 교재 광고 문의 pub@ebs.co.kr

정답과 풀이는 EBS*i* 사이트(www.ebsi.co.kr)에서 내려받으실 수 있습니다.

| 교재 내용 문의 | 교재 및 강의 내용 문의는 EBS*i* 사이트 (www.ebsi.co.kr)의 학습 Q&A 서비스를 활용하시기 바랍니다. | 교재 정오표 공지 | 발행 이후 발견된 정오 사항을 EBS*i* 사이트 정오표 코너에서 알려 드립니다. 교재 ▶ 교재 자료실 ▶ 교재 정오표 | 교재 정정 신청 | 공지된 정오 내용 외에 발견된 정오 사항이 있다면 EBS*i* 사이트를 통해 알려 주세요. 교재 ▶ 교재 정정 신청 |

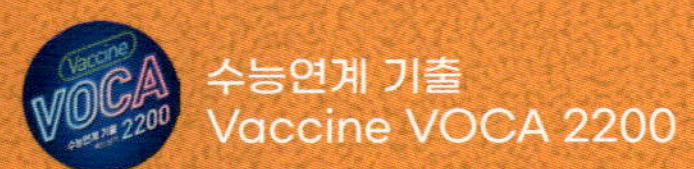

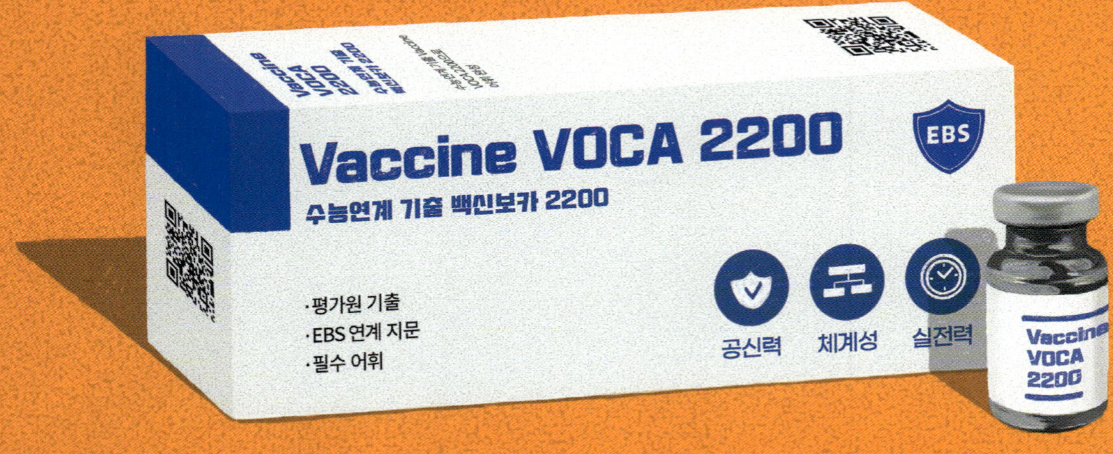

○ **수능 영단어장의 끝판왕!**
10개년 수능 빈출 어휘 + 7개년 연계교재 핵심 어휘

○ **수능 적중 어휘 자동암기 3종 세트 제공**
휴대용 포켓 단어장 / 표제어 & 예문 MP3 파일 / 수능형 어휘 문항 실전 테스트

휴대용 **포켓 단어장** 제공

수능특강 Q

미니모의고사

14회분 수록

수학영역
미적분

1 흔들리지 않는 수능 실전력 완성

2 역대 수능 연계교재 고퀄리티 문항 수록

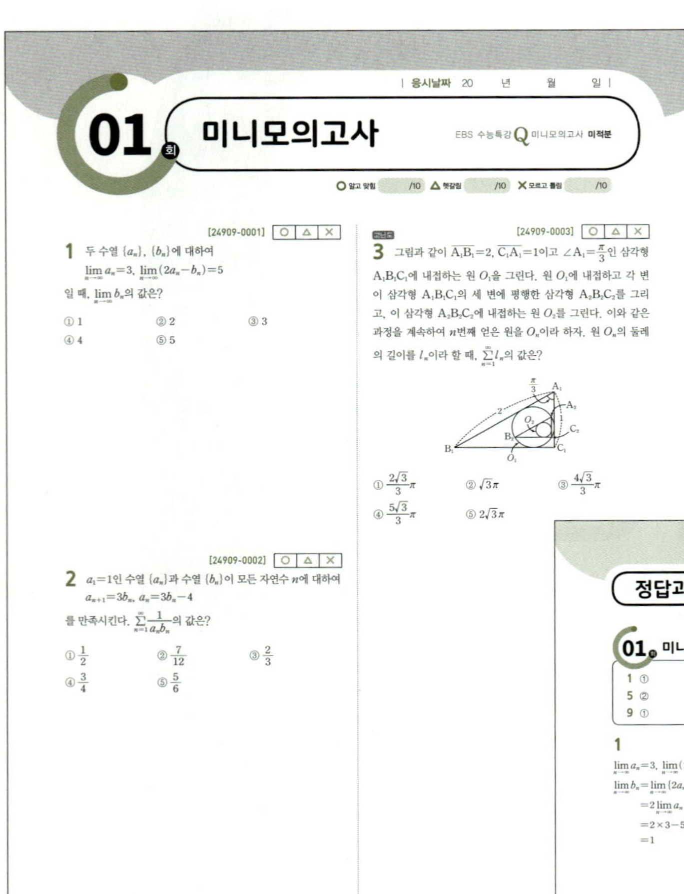

- 한국교육과정평가원이 감수한 과년도 EBS 수능 연계교재의 우수 문항을 선제하여 미니모의고사 형태로 구성하였습니다.
- 목표 시간 내에 문제를 푸는 연습을 통해 실전에 대비할 수 있습니다.

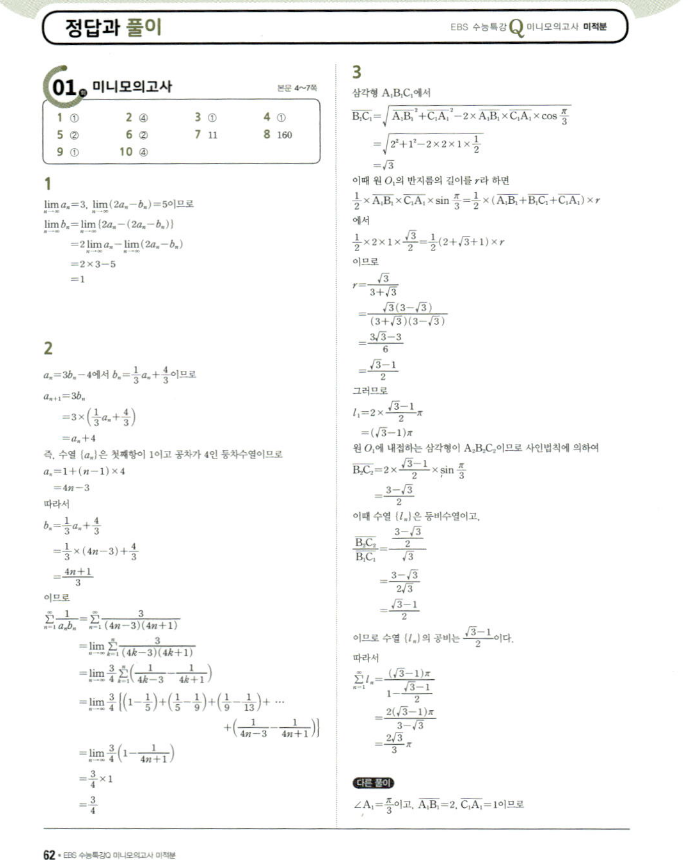

학습자 스스로 문제의 핵심을 파악할 수 있도록 명확한 풀이를 제공합니다. 잘 풀리지 않는 문제는 풀이를 통해 확실히 이해할 수 있습니다.

이 책의 **차례**

※ 미니모의고사 학습 계획을 세우고 매일 실천해 보세요!
※ 풀이 시간과 틀린 문항을 정리해 복습에 활용하세요!

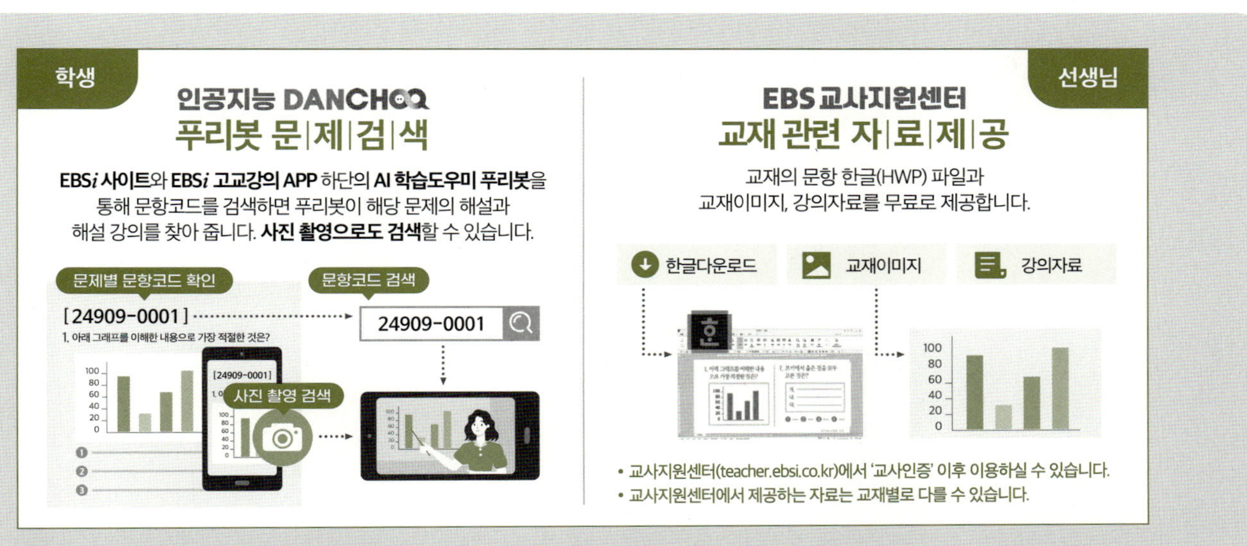

01회 미니모의고사

EBS 수능특강 Q 미니모의고사 **미적분**

○ 알고 맞힘 　　/10　　△ 헷갈림 　　/10　　✗ 모르고 틀림 　　/10

[24909-0001]　○ △ ✗

1 두 수열 $\{a_n\}$, $\{b_n\}$에 대하여

$$\lim_{n\to\infty} a_n = 3, \ \lim_{n\to\infty}(2a_n - b_n) = 5$$

일 때, $\lim_{n\to\infty} b_n$의 값은?

① 1　　　　　② 2　　　　　③ 3

④ 4　　　　　⑤ 5

[24909-0002]　○ △ ✗

2 $a_1 = 1$인 수열 $\{a_n\}$과 수열 $\{b_n\}$이 모든 자연수 n에 대하여

$$a_{n+1} = 3b_n, \ a_n = 3b_n - 4$$

를 만족시킨다. $\displaystyle\sum_{n=1}^{\infty}\frac{1}{a_n b_n}$의 값은?

① $\dfrac{1}{2}$　　　　② $\dfrac{7}{12}$　　　　③ $\dfrac{2}{3}$

④ $\dfrac{3}{4}$　　　　⑤ $\dfrac{5}{6}$

고난도　**[24909-0003]**　○ △ ✗

3 그림과 같이 $\overline{A_1B_1}=2$, $\overline{C_1A_1}=1$이고 $\angle A_1 = \dfrac{\pi}{3}$인 삼각형 $A_1B_1C_1$에 내접하는 원 O_1을 그린다. 원 O_1에 내접하고 각 변이 삼각형 $A_1B_1C_1$의 세 변에 평행한 삼각형 $A_2B_2C_2$를 그리고, 이 삼각형 $A_2B_2C_2$에 내접하는 원 O_2를 그린다. 이와 같은 과정을 계속하여 n번째 얻은 원을 O_n이라 하자. 원 O_n의 둘레의 길이를 l_n이라 할 때, $\displaystyle\sum_{n=1}^{\infty} l_n$의 값은?

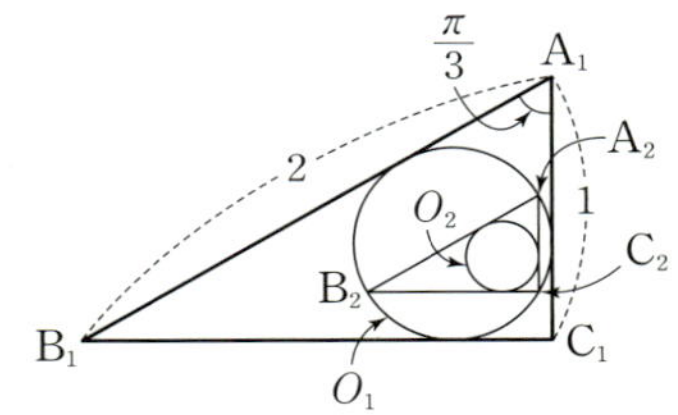

① $\dfrac{2\sqrt{3}}{3}\pi$　　　② $\sqrt{3}\,\pi$　　　③ $\dfrac{4\sqrt{3}}{3}\pi$

④ $\dfrac{5\sqrt{3}}{3}\pi$　　　⑤ $2\sqrt{3}\,\pi$

[24909-0004] ○ △ ✕

4 $\displaystyle\lim_{x \to 0} \dfrac{xe^{2x}}{e^{2x}-1}$의 값은?

① $\dfrac{1}{2}$　　　　② 1　　　　③ $\dfrac{3}{2}$

④ 2　　　　⑤ $\dfrac{5}{2}$

[24909-0005] ○ △ ✕

5 곡선 $y=xe^{x+2}$ 위의 점 $(t,\ te^{t+2})$에서의 접선의 기울기를 $f(t)$라 할 때, 부등식 $f(t) \geq 0$을 만족시키는 실수 t의 최솟값은?

① -2　　　　② -1　　　　③ 0

④ 1　　　　⑤ 2

[24909-0006] ○ △ ✕

6 $0 < x < \dfrac{\pi}{2}$에서 정의된 함수 $f(x) = \dfrac{x}{\tan x}$에 대하여

$\displaystyle\lim_{h \to 0} \dfrac{f\left(\dfrac{\pi}{4}+h\right)-f\left(\dfrac{\pi}{4}\right)}{h}$의 값은?

① $1-\dfrac{\pi}{4}$　　　　② $1-\dfrac{\pi}{2}$　　　　③ $1-\dfrac{3}{4}\pi$

④ $1-\pi$　　　　⑤ $1-\dfrac{5}{4}\pi$

[24909-0007] 고난도

7 그림과 같이 정사각형 ABCD와 선분 DC를 지름으로 하는 반원이 있다. 반원의 호 위의 점 E에 대하여 $\sin(\angle EDC)=\dfrac{4}{5}$일 때, $\tan(\angle BEC)=\dfrac{q}{p}$이다. $p+q$의 값을 구하시오. (단, 점 E는 정사각형 ABCD의 외부에 있고, p와 q는 서로소인 자연수이다.)

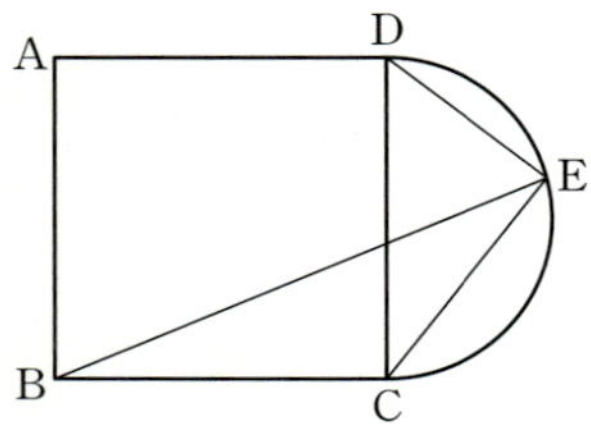

[24909-0008]

8 실수 전체의 집합에서 미분가능한 함수 $f(x)$가 모든 실수 x에 대하여
$$e^x f(x)+e^x f'(x)=2x+1$$
을 만족시킨다. $f'(0)=-3$일 때, $f(3)\times f(-3)$의 값을 구하시오.

[24909-0009]

9 함수 $f(x)=\dfrac{a}{x+2}$에 대하여

$$\lim_{n\to\infty}\frac{1}{n}\sum_{k=1}^{n}f'\left(1+\frac{2k}{n}\right)=\frac{1}{3}$$

일 때, 상수 a의 값은?

① -5 ② -4 ③ -3

④ -2 ⑤ -1

[24909-0010]

10 그림과 같이 곡선 $y=\sqrt{x}\ln x$와 x축 및 두 직선 $x=e$, $x=e^2$으로 둘러싸인 도형을 밑면으로 하는 입체도형이 있다. 이 입체도형을 x축에 수직인 평면으로 자른 단면이 모두 정사각형일 때, 이 입체도형의 부피는?

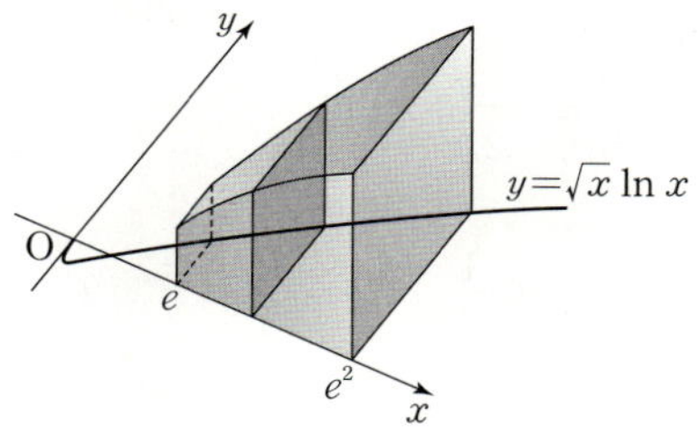

① $e^4-\dfrac{e^2}{2}$ ② $e^4-\dfrac{e^2}{4}$ ③ $\dfrac{5}{4}e^4-\dfrac{e^2}{2}$

④ $\dfrac{5}{4}e^4-\dfrac{e^2}{4}$ ⑤ $\dfrac{3}{2}e^4-\dfrac{e^2}{2}$

02 회 미니모의고사

EBS 수능특강 **Q** 미니모의고사 **미적분**

O 알고 맞힘 　/10　 **△** 헷갈림 　/10　 **X** 모르고 틀림 　/10

[24909-0011] | O | △ | X |

1 $\lim\limits_{n \to \infty} \dfrac{1}{\sqrt{4n^2+8n}-2n}$ 의 값은?

① $\dfrac{1}{4}$ 　　② $\dfrac{1}{2}$ 　　③ 1

④ 2 　　⑤ 4

[24909-0012] | O | △ | X |

2 급수 $\sum\limits_{n=1}^{\infty} \left(\dfrac{k-1}{4} \right)^n$ 이 수렴하도록 하는 정수 k의 최댓값과 최솟값을 각각 M, m이라 할 때, $\sum\limits_{n=1}^{\infty} \left\{ \left(\dfrac{1}{M} \right)^n - \left(\dfrac{1}{m} \right)^n \right\}$의 값은?

① $\dfrac{2}{3}$ 　　② $\dfrac{3}{4}$ 　　③ $\dfrac{5}{6}$

④ $\dfrac{11}{12}$ 　　⑤ 1

[24909-0013] | O | △ | X |

고난도

3 등차수열 $\{a_n\}$에 대하여 $\sum\limits_{n=1}^{\infty} \left(\dfrac{a_n}{n} - \dfrac{2n+3}{n+1} \right) = 1$일 때, $\sum\limits_{n=1}^{10} a_n$의 값은?

① 110 　　② 120 　　③ 130

④ 140 　　⑤ 150

[24909-0014] 〇 △ ✕

4 $\displaystyle\lim_{x \to 2}(x-1)^{\frac{2}{x-2}}$의 값은?

① 1 ② $\sqrt{e}$ ③ e

④ $e\sqrt{e}$ ⑤ e^2

[24909-0015] 〇 △ ✕

5 $0<x<2\pi$에서 정의된 함수 $f(x)=\dfrac{\sin x}{2-\cos x}$에 대하여 방정식 $f'(x)=0$의 모든 실근의 합은?

① π ② $\dfrac{3}{2}\pi$ ③ 2π

④ $\dfrac{5}{2}\pi$ ⑤ 3π

[24909-0016] 〇 △ ✕

6 좌표평면 위를 움직이는 점 P의 시각 $t\ (t>0)$에서의 위치가 $x=\ln 2t,\ y=\dfrac{1}{t}$이다. 점 P의 속력이 $\sqrt{2}$인 시각에서 점 P의 가속도의 크기는?

① 1 ② $\sqrt{2}$ ③ $\sqrt{3}$

④ 2 ⑤ $\sqrt{5}$

고난도

7 [24909-0017]

그림과 같이 길이가 4인 선분 AB를 지름으로 하는 반원이 있다. 호 AB 위의 점 P에 대하여 $\angle \text{PAB} = \theta$이고, 각 PAB의 이등분선이 호 AB와 만나는 점을 Q라 하자. 점 P에서 선분 AQ에 내린 수선의 발을 H, 선분 AB의 중점을 O, 두 선분 AQ, OP가 만나는 점을 M이라 할 때, 두 삼각형 PMH, MAO의 넓이를 각각 $S(\theta)$, $T(\theta)$라 하자.

$\lim\limits_{\theta \to 0+} \dfrac{S(\theta) + T(\theta)}{\theta} = \dfrac{q}{p}$일 때, $p+q$의 값을 구하시오.

$\left(\text{단, } 0 < \theta < \dfrac{\pi}{2}\text{이고, } p\text{와 } q\text{는 서로소인 자연수이다.}\right)$

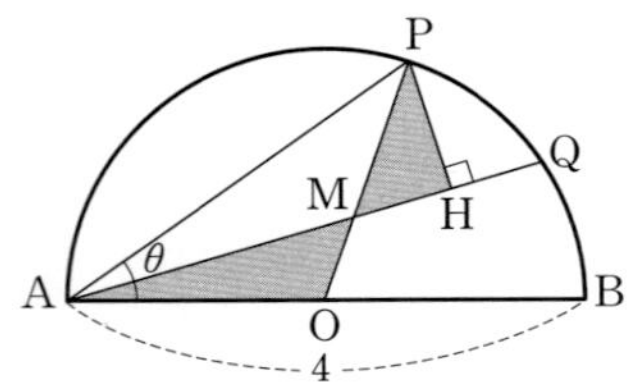

8 [24909-0018]

$\displaystyle\int_1^2 \dfrac{5x^2 - 1}{\sqrt{x}}\, dx$의 값은?

① $2\sqrt{2}$
② $4\sqrt{2}$
③ $6\sqrt{2}$
④ $8\sqrt{2}$
⑤ $10\sqrt{2}$

9 [24909-0019] ○ △ ✕

실수 전체의 집합에서 미분가능하고 도함수가 연속인 함수 $f(x)$가

$$\lim_{x \to 2} \frac{1}{x-2} \int_2^x f(t)f'(t)\,dt = 10$$

을 만족시킨다. $f(2)=2$일 때, $\lim_{x \to 2} \dfrac{1}{x^2-4} \displaystyle\int_1^{\frac{x}{2}} f'(2t)\,dt$의 값은?

① $\dfrac{1}{8}$ ② $\dfrac{1}{4}$ ③ $\dfrac{3}{8}$

④ $\dfrac{1}{2}$ ⑤ $\dfrac{5}{8}$

10 고난도 [24909-0020] ○ △ ✕

정의역이 $\{x \mid 0 \le x \le \pi\}$인 두 함수 $f(x)=x\sin x$, $g(x)=\dfrac{1}{2}x$에 대하여 곡선 $y=f(x)$와 직선 $y=g(x)$로 둘러싸인 부분 중 부등식 $f(x) \ge g(x)$를 만족시키는 부분의 넓이가 $p\sqrt{3}\pi + q\pi^2$이다. $\dfrac{p^2}{q^2}$의 값을 구하시오.

(단, p, q는 유리수이고, π^2은 무리수이다.)

03회 미니모의고사

EBS 수능특강 **Q** 미니모의고사 **미적분**

○ 알고 맞힘 　　/10　△ 헷갈림 　　/10　✕ 모르고 틀림 　　/10

[24909-0021]　○ △ ✕

1 $\lim\limits_{n\to\infty}\dfrac{\sqrt{n^2+n}-2n}{n+1}$ 의 값은?

① -2　　② -1　　③ 0

④ 1　　⑤ 2

[24909-0022]　○ △ ✕

2 자연수 n에 대하여 x에 대한 이차방정식

$$x^2-3nx+n^2-4=0$$

의 두 근을 각각 α_n, β_n이라 할 때, $\sum\limits_{n=3}^{\infty}\dfrac{1}{\alpha_n\beta_n}$ 의 값은?

① $\dfrac{7}{16}$　　② $\dfrac{23}{48}$　　③ $\dfrac{25}{48}$

④ $\dfrac{9}{16}$　　⑤ $\dfrac{29}{48}$

[24909-0023]　○ △ ✕

고난도

3 n이 자연수일 때, x와 y에 대한 연립방정식

$$\begin{cases} x^2+y^2=\dfrac{1}{\sqrt{n}} \\ xy=\dfrac{1}{\sqrt{4n+5}} \end{cases}$$

의 해를 $x=a_n$, $y=b_n$이라 하자. $\lim\limits_{n\to\infty}\left\{n\times\left(\dfrac{a_n-b_n}{a_n+b_n}\right)^2\right\}=\dfrac{q}{p}$

일 때, $p+q$의 값을 구하시오.

（단, $0<a_n<b_n$이고, p와 q는 서로소인 자연수이다.）

[24909-0024] ○ △ ✕

4 양의 실수 전체의 집합에서 미분가능한 함수 $f(x)$가 모든 양의 실수 x에 대하여 $f(\sqrt{x})=e^{x^2+x}$을 만족시킬 때, $f'(2)$의 값은?

① $20e^{20}$　　　　② $24e^{20}$　　　　③ $28e^{20}$

④ $32e^{20}$　　　　⑤ $36e^{20}$

[24909-0025] ○ △ ✕

5 함수 $f(x)=x\sin 2x$에 대하여 $f''\!\left(\dfrac{3}{4}\pi\right)$의 값은?

① -3π　　　　② -2π　　　　③ π

④ 2π　　　　⑤ 3π

[24909-0026] ○ △ ✕

6 $x>0$인 모든 실수 x에 대하여 미분가능한 함수 $f(x)$가 부등식

$$1+\ln x \le f(x) \le e^{x-1}$$

을 만족시킨다. $g(x)=(2x+\ln x)f(x)$에 대하여 $g'(1)$의 값은?

① 1　　　　② 2　　　　③ 3

④ 4　　　　⑤ 5

[24909-0027] ○ △ ✕

7 좌표평면 위를 움직이는 점 P의 시각 t $(t \geq 0)$에서의 위치 (x, y)가

$$x = k - \cos t, \quad y = 2 \sin t \ (k\text{는 상수})$$

이다. 점 P가 시각 $t = 0$일 때 원점을 출발한 다음, 다시 원점을 지나는 모든 시각을 작은 수부터 크기순으로 나열한 것을

$$t_1, \ t_2, \ t_3, \ \cdots$$

이라 하자. $t_1 < t < t_2$에서 점 P의 속력과 가속도의 크기가 서로 같은 시각 t의 개수는 m이다. $k + m$의 값은?

① 1   ② 2   ③ 3

④ 4   ⑤ 5

[24909-0028] ○ △ ✕

8 $\displaystyle\int_0^{\frac{\pi}{2}} (\sin x + \cos x)\,dx$의 값은?

① $\dfrac{1}{2}$ ② 1 ③ $\dfrac{3}{2}$

④ 2 ⑤ $\dfrac{5}{2}$

[24909-0029] ○ △ ✕

9 두 곡선 $y=e^x$, $y=e^{2x}-2$ 및 y축으로 둘러싸인 부분의 넓이는?

① $\ln 2-\dfrac{1}{2}$　　② $1-\ln 2$　　③ $2\ln 2-1$

④ $2\ln 2-\dfrac{1}{2}$　　⑤ $\ln 2+1$

고난도　　[24909-0030] ○ △ ✕

10 실수 전체의 집합에서 미분가능한 함수 $f(x)$가 모든 실수 x에 대하여 다음 조건을 만족시킨다.

> (가) $f(x)>0$
>
> (나) $f'(x)=\dfrac{1}{4}f(x)f(-x)$
>
> (다) $f''(x)$가 존재한다.

$f(0)+f'(0)=3$일 때, $\displaystyle\int_{-a}^{a}f(-x)dx=4\ln 2$인 양의 상수 a에 대하여 $|f''(a)|=\dfrac{q}{p}$이다. $p+q$의 값을 구하시오.

(단, p와 q는 서로소인 자연수이다.)

04 회 미니모의고사

EBS 수능특강 **Q** 미니모의고사 **미적분**

○ 알고 맞힘 ☐ /10   △ 헷갈림 ☐ /10   ✕ 모르고 틀림 ☐ /10

[24909-0031]   ○ △ ✕

1 $\lim\limits_{n\to\infty} \dfrac{\dfrac{1}{n}-\dfrac{1}{n+3}}{\dfrac{n+2}{n+1}-\dfrac{n+3}{n+2}}$ 의 값은?

① 1　　　② 2　　　③ 3
④ 4　　　⑤ 5

[24909-0032]   ○ △ ✕

2 수열 $\{a_n\}$이 $\sum\limits_{n=1}^{\infty} 2^n(a_n-2)=4$를 만족시킬 때,

$\lim\limits_{n\to\infty} \dfrac{4^{n+2}+4^{n+1}a_n}{(4^n-1)a_n}$ 의 값은? (단, $a_n \neq 0$)

① 6　　　② 8　　　③ 10
④ 12　　　⑤ 14

고난도   [24909-0033]   ○ △ ✕

3 1보다 큰 세 자연수 a, b, c에 대하여

$$\lim_{n\to\infty} \frac{a^n+b^{n+1}}{a^{n+1}+b^n}=p, \quad \lim_{n\to\infty} \frac{b^n+c^{n+1}}{b^{n+1}+c^n}=q$$

라 하자. **보기**에서 옳은 것만을 있는 대로 고른 것은?

> | 보기
>
> ㄱ. $a>b$, $b=c$이면 $p \times q < 1$이다.
> ㄴ. $p \times q > c$이면 $a<b<c$이다.
> ㄷ. $p \times q = 1$이면 $(a-b)(b-c)(c-a)=0$이다.

① ㄱ　　　② ㄱ, ㄴ　　　③ ㄱ, ㄷ
④ ㄴ, ㄷ　　　⑤ ㄱ, ㄴ, ㄷ

[24909-0034] ◯ △ ✕

4 $\lim\limits_{x \to 0} \dfrac{e^{4x}-1}{x^2+2x}$의 값은?

① $\dfrac{1}{4}$ ② $\dfrac{1}{2}$ ③ 1

④ 2 ⑤ 4

[24909-0035] ◯ △ ✕

5 모든 실수 x에 대하여 부등식 $ke^{x-2} \geq x$가 성립하도록 하는 실수 k의 최솟값은? (단, $\lim\limits_{x \to \infty} xe^{-x}=0$)

① $\dfrac{1}{e}$ ② $\dfrac{2}{e}$ ③ 1

④ e ⑤ $2e$

[24909-0036] ◯ △ ✕

6 곡선 $x^2+xy+2y^2=7$ 위의 두 점 $(\alpha,\ k)$, $(\beta,\ k)$에서의 접선이 서로 수직일 때, $\alpha\beta$의 값은?
(단, k는 $0 \leq k < 2$인 상수이고, $\alpha+4k \neq 0$, $\beta+4k \neq 0$이다.)

① $-\dfrac{13}{3}$ ② $-\dfrac{11}{3}$ ③ -3

④ $-\dfrac{7}{3}$ ⑤ $-\dfrac{5}{3}$

고난도

7 그림과 같이 $\overline{AB}=4$, $\angle C=\dfrac{\pi}{2}$인 직각삼각형 ABC가 있다. 선분 AC를 $3:1$로 내분하는 점을 D라 하고 점 A에서 직선 BD에 내린 수선의 발을 H라 하자. $\angle ABC=\theta$라 할 때, 삼각형 ADH의 넓이를 $S(\theta)$라 하자. $\lim\limits_{\theta\to0+}\dfrac{S(\theta)}{\theta^3}=\dfrac{q}{p}$일 때, $p+q$의 값을 구하시오.

$$\left(\text{단, } 0<\theta<\dfrac{\pi}{2}\text{이고, } p\text{와 } q\text{는 서로소인 자연수이다.}\right)$$

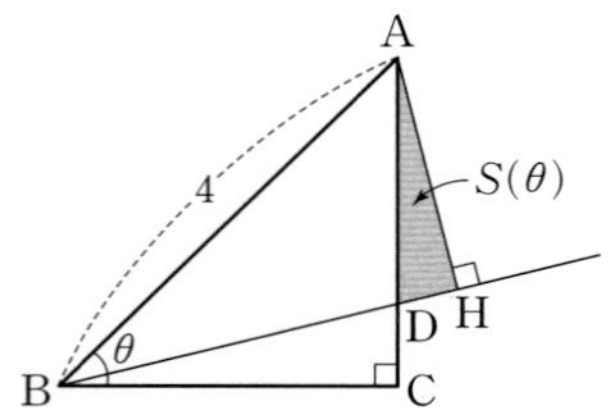

8 $\displaystyle\int_1^{e^2}\dfrac{(\ln x+1)^3}{2x}dx$의 값은?

① 5　　　② 10　　　③ 15

④ 20　　　⑤ 25

9 [24909-0039] 좌표평면 위를 움직이는 점 P의 시각 t $(t \geq 0)$에서의 위치 (x, y)가

$$x = \frac{1}{2}t^2 + t - \ln(t+1), \ y = 2t$$

이다. $t=1$에서 $t=3$까지 점 P가 움직인 거리는?

① $2 + \ln 2$ ② $4 + \ln 2$ ③ $6 + \ln 2$
④ $8 + \ln 2$ ⑤ $10 + \ln 2$

고난도 **10** [24909-0040] 정의역이 $\{x \mid x > 0\}$이고 모든 양의 실수 x에 대하여 $f'(x) > 0$인 함수 $f(x)$가 다음 조건을 만족시킨다.

(가) $f(1) = 1$, $f(3) = 2$
(나) 함수 $y = f(x)$의 그래프와 x축 및 두 직선 $x = 1$, $x = 3$으로 둘러싸인 부분의 넓이는 $\dfrac{7}{2}$이다.

함수 $f(x)$의 역함수를 $g(x)$라 할 때,

$$\int_1^9 f'(\sqrt{x})\,dx + \int_1^4 \frac{g(\sqrt{x})}{\sqrt{x}}\,dx$$의 값을 구하시오.

05회 미니모의고사

EBS 수능특강 Q 미니모의고사 **미적분**

○ 알고 맞힘 　/10　　△ 헷갈림　/10　　✕ 모르고 틀림　/10

[24909-0041]　○ △ ✕

1 $\lim\limits_{n\to\infty}(\sqrt{4n^2+6n}-2n)$의 값은?

① $\dfrac{1}{2}$　　　② 1　　　③ $\dfrac{3}{2}$

④ 2　　　⑤ $\dfrac{5}{2}$

[24909-0042]　○ △ ✕

2 첫째항이 1인 두 등비수열 $\{a_n\}$, $\{b_n\}$에 대하여 두 급수 $\sum\limits_{n=1}^{\infty} a_n$, $\sum\limits_{n=1}^{\infty} b_n$이 모두 수렴하고

$$\sum_{n=1}^{\infty}(a_n+b_n)=\frac{10}{3}, \quad \sum_{n=1}^{\infty} a_n b_n=\frac{8}{7}$$

일 때, a_2+b_2의 값은?

① $\dfrac{1}{4}$　　　② $\dfrac{1}{2}$　　　③ $\dfrac{3}{4}$

④ 1　　　⑤ $\dfrac{5}{4}$

고난도　[24909-0043]　○ △ ✕

3 그림과 같이 길이가 5인 선분 A_1B_1을 $1:4$로 내분하는 점을 A_2, $4:1$로 내분하는 점을 B_2라 하자.

선분 A_1B_2를 지름으로 하는 원과 선분 A_2B_1을 지름으로 하는 원을 그리고, 두 원의 공통부분을 제외한 두 원의 내부에 색칠하여 얻은 그림을 R_1이라 하자.

그림 R_1에서 선분 A_2B_2를 $1:4$로 내분하는 점을 A_3, $4:1$로 내분하는 점을 B_3이라 하자.

선분 A_2B_3을 지름으로 하는 원과 선분 A_3B_2를 지름으로 하는 원을 그리고, 두 원의 공통부분을 제외한 두 원의 내부에 색칠하여 얻은 그림을 R_2라 하자.

이와 같은 과정을 계속하여 n번째 얻은 그림 R_n에 색칠되어 있는 부분의 넓이를 S_n이라 할 때, $\cos\alpha=\dfrac{1}{4}\left(0<\alpha<\dfrac{\pi}{2}\right)$인 α에 대하여 $\lim\limits_{n\to\infty}S_n+25\alpha$의 값은?

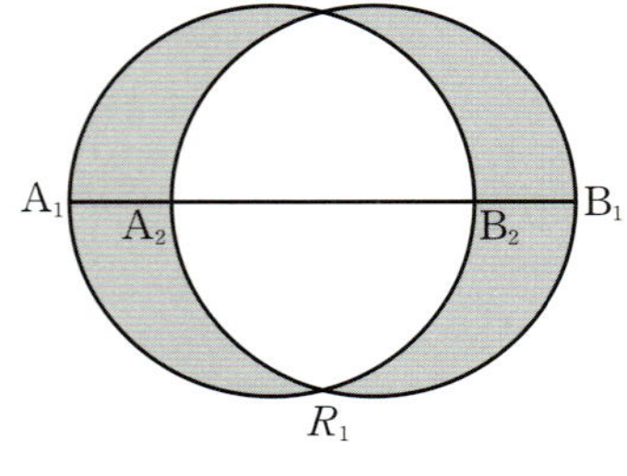

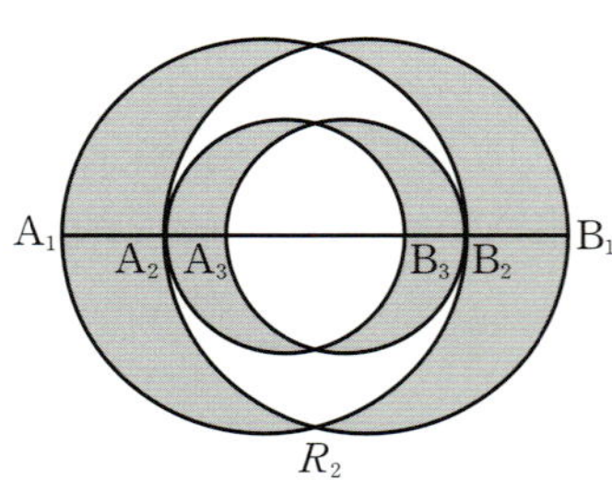

⋮

① $\dfrac{180\pi+25\sqrt{15}}{16}$　　　② $\dfrac{190\pi+15\sqrt{15}}{16}$

③ $\dfrac{190\pi+25\sqrt{15}}{16}$　　　④ $\dfrac{200\pi+15\sqrt{15}}{16}$

⑤ $\dfrac{200\pi+25\sqrt{15}}{16}$

4 함수 $f(x)=\log_3 9x \times \log_9 3x$에 대하여 $f'(3)$의 값은?

① $\dfrac{1}{6\ln 3}$　　② $\dfrac{1}{3\ln 3}$　　③ $\dfrac{1}{2\ln 3}$

④ $\dfrac{2}{3\ln 3}$　　⑤ $\dfrac{5}{6\ln 3}$

5 이차방정식 $x^2-2x+a=0$의 서로 다른 두 근이 -1과 $\csc\theta$일 때, $a^2\cot^2\theta$의 값을 구하시오. (단, a는 상수이다.)

6 매개변수 t로 나타낸 함수

$$x=2t-\sin 2t,\ y=\sin^3 2t$$

에 대하여 $\displaystyle\lim_{t\to 0}\dfrac{dy}{dx}$의 값은?

① 2　　② 4　　③ 6

④ 8　　⑤ 10

[24909-0047] ○ △ ✕

7 양수 a에 대하여 곡선 $y=\dfrac{a}{x^2+1}$ 위의 점 $\mathrm{A}(0,\ a)$에서 이 곡선에 그은 접선 중 기울기가 0이 아닌 두 접선이 x축과 만나는 점을 각각 B, C라 하고, $\angle\mathrm{BAC}=\theta$라 하자. $\tan\theta=\dfrac{4}{3}$일 때, 상수 a의 값을 구하시오.

[24909-0048] ○ △ ✕

8 함수 $f(x)=(x+1)e^{-x}$에 대하여

$$\lim_{h\to 0}\frac{1}{h}\int_{1-h}^{1+h} f'(x)\,dx$$

의 값은?

① $-\dfrac{1}{e}$　　② $-\dfrac{2}{e}$　　③ $-\dfrac{3}{e}$

④ $-\dfrac{4}{e}$　　⑤ $-\dfrac{5}{e}$

[24909-0049] ○ △ ✕

9 $\int_0^{\frac{\pi}{3}} \dfrac{1}{\cos^4 x}\,dx = k$ 일 때, k^2의 값을 구하시오.

고난도

[24909-0050] ○ △ ✕

10 정의역이 $\left\{x \,\middle|\, 0 \le x \le \dfrac{\pi}{2}\right\}$인 두 함수 $f(x)=\cos x$, $g(x)=k\sin x\,(k>1)$에 대하여 그림과 같이 두 곡선 $y=f(x)$, $y=g(x)$ 및 y축으로 둘러싸인 부분의 넓이를 S_1, 두 곡선 $y=f(x)$, $y=g(x)$ 및 x축으로 둘러싸인 부분의 넓이를 S_2, 두 곡선 $y=f(x)$, $y=g(x)$ 및 직선 $x=\dfrac{\pi}{2}$로 둘러싸인 부분의 넓이를 S_3이라 하자. $S_2=2S_1$일 때, S_3의 값은?

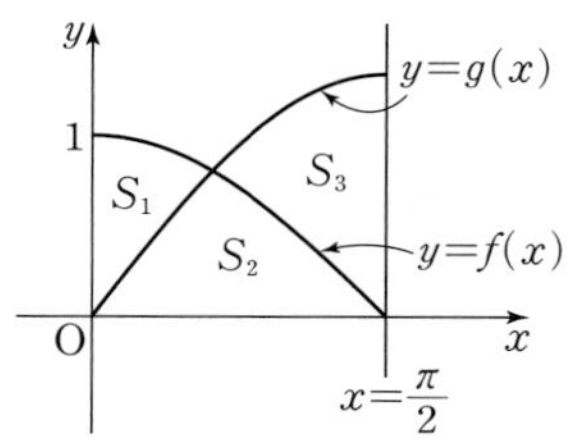

① $\dfrac{4}{9}$ ② $\dfrac{5}{9}$ ③ $\dfrac{2}{3}$

④ $\dfrac{7}{9}$ ⑤ $\dfrac{8}{9}$

06 회 미니모의고사

EBS 수능특강 Q 미니모의고사 **미적분**

○ 알고 맞힘 　　/10　　△ 헷갈림 　　/10　　✕ 모르고 틀림 　　/10

[24909-0051] ○ △ ✕

1 $\lim\limits_{n \to \infty} \dfrac{1}{\sqrt{n^2+7n}-\sqrt{n^2+n}}$ 의 값은?

① $\dfrac{1}{6}$ 　　　② $\dfrac{1}{3}$ 　　　③ $\dfrac{1}{2}$

④ $\dfrac{2}{3}$ 　　　⑤ $\dfrac{5}{6}$

[24909-0052] ○ △ ✕

2 그림과 같이 자연수 n에 대하여

$\overline{AB}=\sqrt{n+1}$, $\overline{AC}=\sqrt{2n+3}$, $\angle A=90°$

인 직각삼각형 ABC가 있다. 점 A에서 선분 BC에 내린 수선

의 발을 H라 하고, $\overline{AH}=a_n$이라 하자. $\lim\limits_{n \to \infty}\dfrac{a_n}{\sqrt{n}}=p$일 때, p^2

의 값은? (단, p는 실수이다.)

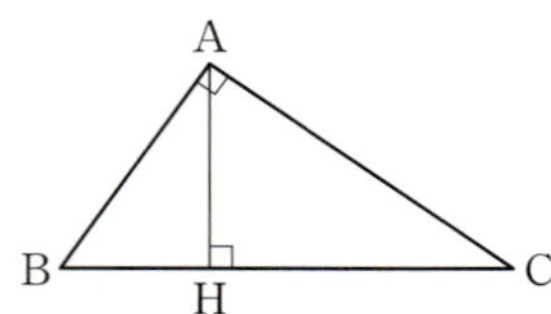

① $\dfrac{7}{12}$ 　　　② $\dfrac{2}{3}$ 　　　③ $\dfrac{3}{4}$

④ $\dfrac{5}{6}$ 　　　⑤ $\dfrac{11}{12}$

[24909-0053] ○ △ ✕

3 수열 $\{a_n\}$에 대하여 $\sum\limits_{n=1}^{\infty} a_n=3$이고 $\sum\limits_{n=1}^{\infty}(a_n+2a_{n+1})=1$일

때, a_1의 값은?

① 1 　　　② 2 　　　③ 3

④ 4 　　　⑤ 5

4 [24909-0054] ○ △ ×

함수 $f(x)=(e^x-2)\ln x$에 대하여 $f'(1)$의 값은?

① $e-2$　　　② $e-1$　　　③ e

④ $e+1$　　　⑤ $e+2$

5 [24909-0055] ○ △ ×

$0\leq x\leq\pi$일 때, 방정식 $25\sin^2 x-5\cos x-13=0$의 서로 다른 두 실근을 α, β라 하자. $\tan(\alpha+\beta)$의 값은?

① $\dfrac{1}{6}$　　　② $\dfrac{5}{24}$　　　③ $\dfrac{1}{4}$

④ $\dfrac{7}{24}$　　　⑤ $\dfrac{1}{3}$

6 [24909-0056] ○ △ ×

양의 실수 t와 함수 $f(x)=\begin{cases} x^2 & (x<0) \\ \log_2(x+1) & (x\geq 0) \end{cases}$에 대하여 직선 $y=-2x+t$가 함수 $y=f(x)$의 그래프와 만나는 두 점의 x좌표를 각각 $\alpha(t)$, $\beta(t)$ $(\alpha(t)>0,\ \beta(t)<0)$이라 하자. 매개변수 $t\ (t>0)$으로 나타낸 곡선 $x=\alpha(t)$, $y=\beta(t)$에 대하여 $x=3$에 대응하는 점에서의 접선의 기울기는?

① $-\dfrac{8\ln 2+1}{16\ln 2}$　　　② $-\dfrac{6\ln 2+1}{16\ln 2}$

③ $-\dfrac{8\ln 2+1}{24\ln 2}$　　　④ $-\dfrac{6\ln 2+1}{24\ln 2}$

⑤ $-\dfrac{4\ln 2+1}{24\ln 2}$

고난도 [24909-0057] ○ △ ✕

7 그림과 같이 원점 O를 중심으로 하고 반지름의 길이가 1인 원 C_1 위의 제1사분면에 있는 점 P에서의 접선이 x축과 만나는 점을 Q라 하자. 점 Q를 중심으로 하고 점 A$(1,\ 0)$을 지나는 원을 C_2라 하고 점 P에서 원 C_2에 그은 접선의 접점 중 제1사분면에 있는 점을 R라 하자. $\angle \mathrm{POA} = \theta \left(0 < \theta < \dfrac{\pi}{2}\right)$라 할 때, 삼각형 PQR의 넓이를 $S(\theta)$라 하자.

$60 \times \lim\limits_{\theta \to 0+} \dfrac{S(\theta)}{\theta^3}$의 값을 구하시오.

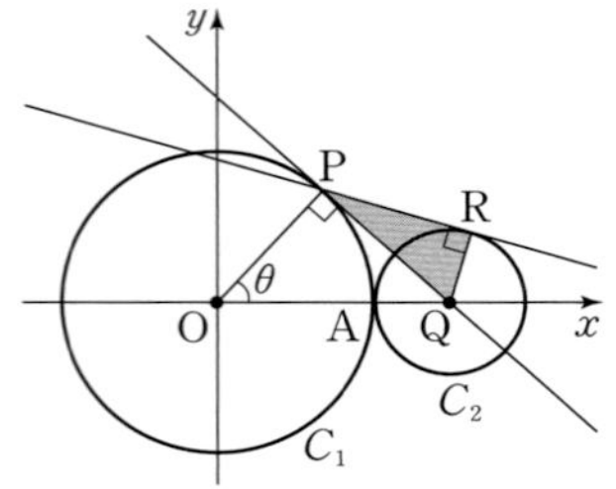

[24909-0058] ○ △ ✕

8 함수 $f(x) = \displaystyle\int_0^x t e^t \, dt$에 대하여 $\displaystyle\int_0^1 f(x) dx$의 값은?

① $-e+3$ ② $-2e+6$ ③ $-e+4$

④ $-2e+7$ ⑤ $-e+5$

[24909-0059] ○ △ ✕

9 매개변수 t로 나타낸 곡선 $x=2\ln(t^2-1)$, $y=2t$에 대하여 $3\le t\le 7$에서 이 곡선의 길이는?

① $6+2\ln\dfrac{3}{2}$ ② $6+2\ln 2$ ③ $8+\ln\dfrac{3}{2}$

④ $8+2\ln\dfrac{3}{2}$ ⑤ $8+2\ln 2$

[24909-0060] ○ △ ✕

고난도

10 정의역이 $\{x\mid -3<x<3\}$인 함수 $f(x)=\dfrac{\ln(3+x)+\ln(3-x)}{2}$에 대하여 곡선 $y=f(x)$와 x축 및 두 직선 $x=-2$, $x=2$로 둘러싸인 부분의 넓이가 $m\ln 5-4$이다. 자연수 m의 값을 구하시오.

07_회 미니모의고사

○ 알고 맞힘 /10 △ 헷갈림 /10 ✕ 모르고 틀림 /10

[24909-0061] ○ △ ✕

1 $\lim\limits_{n \to \infty} \dfrac{\left(\frac{1}{2}\right)^{n-1} \times \left(\frac{1}{3}\right)^{n+1}}{4 \times \left(\frac{1}{6}\right)^{n} + 3 \times \left(\frac{1}{9}\right)^{n}}$ 의 값은?

① 1 ② $\dfrac{1}{3}$ ③ $\dfrac{1}{6}$

④ $\dfrac{1}{9}$ ⑤ $\dfrac{1}{12}$

[24909-0062] ○ △ ✕

2 $\dfrac{\pi}{2} < \alpha < \pi$, $0 < \beta < \dfrac{\pi}{2}$ 인 α, β에 대하여 $\sin \alpha = \dfrac{1}{3}$, $\sin \beta = \dfrac{\sqrt{6}}{3}$ 일 때, $\sin(\alpha - \beta)$의 값은?

① $\dfrac{\sqrt{3}}{9}$ ② $\dfrac{2\sqrt{3}}{9}$ ③ $\dfrac{\sqrt{3}}{3}$

④ $\dfrac{4\sqrt{3}}{9}$ ⑤ $\dfrac{5\sqrt{3}}{9}$

고난도 [24909-0063] ○ △ ✕

3 첫째항과 공비가 각각 0이 아닌 등비수열 $\{a_n\}$이 다음 조건을 만족시킨다.

> (가) 급수 $\sum\limits_{n=1}^{\infty} a_n$은 수렴한다.
>
> (나) $\sum\limits_{n=1}^{\infty} (a_n + |a_n|) = 0$
>
> (다) $3 \times \sum\limits_{n=1}^{\infty} |a_{2n}| = 7 \times \sum\limits_{n=1}^{\infty} |a_{3n}|$

$\dfrac{|a_1| + a_2}{a_1} = k$일 때, $16k^2$의 값을 구하시오.

4 함수 $f(x)=\dfrac{\sin x}{x}$ 에 대하여 $f'(\pi)$의 값은?

[24909-0064]

① $-\dfrac{1}{\pi}$　　　② $-\dfrac{1}{\pi^2}$　　　③ 0

④ $\dfrac{1}{\pi^2}$　　　⑤ $\dfrac{1}{\pi}$

5 $x>0$인 모든 실수 x에 대하여 부등식
$$kx^2\geq\ln x$$
를 만족시키는 실수 k의 최솟값은?

[24909-0065]

① $\dfrac{1}{4e}$　　　② $\dfrac{1}{2e}$　　　③ $\dfrac{3}{4e}$

④ $\dfrac{1}{e}$　　　⑤ $\dfrac{5}{4e}$

6 두 함수 $f(x)=(x^2+a)e^{-2x}$, $g(x)=x^3+bx$는 각각 역함수가 존재하고 다음 조건을 만족시킨다.

[24909-0066]

> (가) 함수 $f^{-1}(x)$는 $x=c$에서만 미분가능하지 않다.
> (나) $h(x)=(f\circ g)(x)$라 할 때, $(h^{-1})'(f(0))=-12e$이다.

$\dfrac{c}{ab}$의 값을 구하시오. (단, a, b, c는 상수이다.)

고난도

[24909-0067] ○ △ ✕

7 그림과 같이 점 $A(3, 1)$을 중심으로 하고 점 B에서 x축과 접하는 원 C가 있다. 원점 O를 지나고 기울기가 양수인 직선 l이 원 C와 서로 다른 두 점에서 만날 때, 원점에서 가까운 점을 P, 원점에서 먼 점을 Q라 하고 $\angle BQO = \theta$라 하자. 선분 OP의 길이를 $f(\theta)$라 할 때, $f'\left(\dfrac{\pi}{4}\right)$의 값은?

$$\left(\text{단, 직선 } l \text{의 기울기는 } \dfrac{3}{4} \text{보다 작다.}\right)$$

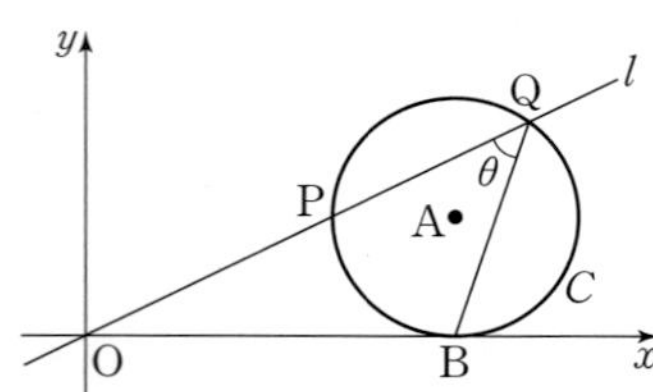

① $\dfrac{\sqrt{5}}{5}$ ② $\dfrac{2\sqrt{5}}{5}$ ③ $\dfrac{3\sqrt{5}}{5}$

④ $\dfrac{4\sqrt{5}}{5}$ ⑤ $\sqrt{5}$

[24909-0068] ○ △ ✕

8 함수 $f(x) = (2x+1)e^x$에 대하여

$$\int_1^5 f(x)\,dx + \int_5^3 f(x)\,dx$$

의 값은?

① $3e^3 - e$ ② $3e^3 + e$ ③ $4e^3 - e$

④ $5e^3 - e$ ⑤ $5e^3 + e$

9 [24909-0069] ○ △ ×

그림과 같이 1보다 큰 실수 a와 세 점 A$(-1, 1)$, B$(1, -1)$, P$(a, 0)$에 대하여 두 직선 AP, BP 및 y축으로 둘러싸인 부분의 넓이의 최솟값은?

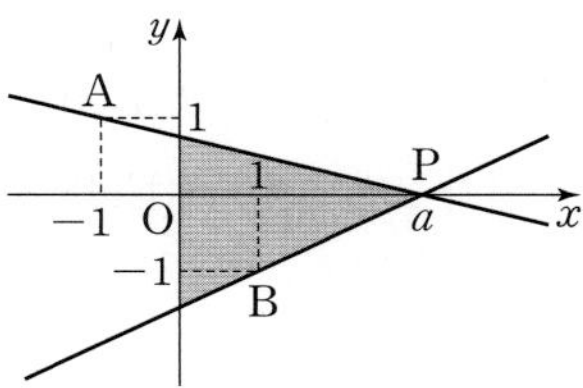

① $\dfrac{3\sqrt{3}}{2}$ ② $2\sqrt{2}$ ③ $2\sqrt{3}$

④ $\dfrac{5\sqrt{2}}{2}$ ⑤ $\dfrac{5\sqrt{3}}{2}$

고난도 **10** [24909-0070] ○ △ ×

양의 실수 t에 대하여 구간 $(0, \infty)$에서 함수 $f(x)$를

$$f(x)=\begin{cases} 0 & (0<x<t) \\ \dfrac{\ln x}{x^2} & (x\geq t) \end{cases}$$

라 하자. 함수 $f(x)$의 최댓값을 $g(t)$라 할 때,

$\displaystyle\int_1^e g(t)\,dt=\dfrac{p}{\sqrt{e}}+\dfrac{q}{e}$이다. $(p\times q)^2$의 값을 구하시오.

(단, p, q는 유리수이다.)

08회 미니모의고사

EBS 수능특강 Q 미니모의고사 **미적분**

○ 알고 맞힘 ___ /10   △ 헷갈림 ___ /10   ✗ 모르고 틀림 ___ /10

[24909-0071] ○ △ ✗

1 두 수열 $\{a_n\}$, $\{b_n\}$에 대하여

$$\lim_{n\to\infty}(3a_n-1)=5,\ \lim_{n\to\infty}(2a_n+3b_n)=7$$

일 때, $\lim_{n\to\infty}(b_n+4)$의 값은?

① 1　　　　② 3　　　　③ 5
④ 7　　　　⑤ 9

[24909-0072] ○ △ ✗

2 수열 $\{a_n\}$에 대하여 $\sum_{n=1}^{\infty}(a_n-3)=5$일 때,

$\lim_{n\to\infty}\left(a_n-3n+\sum_{k=1}^{n}a_k\right)$의 값을 구하시오.

고난도　[24909-0073] ○ △ ✗

3 그림과 같이 길이가 2인 선분 A_1B_1을 지름으로 하는 반원이 있다. 호 A_1B_1 위의 두 점 C_1, D_1을

$\angle C_1A_1B_1=\angle D_1B_1A_1=\dfrac{\pi}{6}$가 되도록 잡는다. 두 선분 A_1C_1, B_1D_1의 교점을 E_1, 선분 A_1B_1의 수직이등분선과 호 A_1B_1의 교점을 F라 하고, 호 A_1D_1과 선분 A_1D_1로 둘러싸인 부분과 호 B_1C_1과 선분 B_1C_1로 둘러싸인 부분에 각각 색칠하여 얻은 그림을 R_1이라 하자. 그림 R_1에 선분 D_1E_1 위의 점 A_2, 선분 C_1E_1 위의 점 B_2를 선분 A_2B_2가 선분 A_1B_1과 평행하고 선분 A_2B_2를 지름으로 하는 반원이 선분 A_1B_1을 지름으로 하는 반원과 점 F에서 만나도록 잡는다. 선분 A_2B_2를 지름으로 하고, 선분 A_1B_1을 지름으로 하는 반원과 점 F에서 만나는 반원에 그림 R_1을 얻은 것과 같은 방법으로 색칠하여 얻은 그림을 R_2라 하자. 이와 같은 과정을 계속하여 n번째 얻은 그림 R_n에 색칠되어 있는 부분의 넓이를 S_n이라 할 때, $\lim_{n\to\infty}S_n$의 값은?

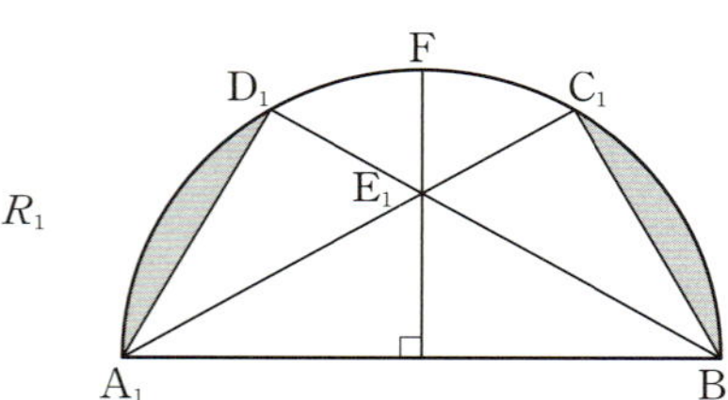

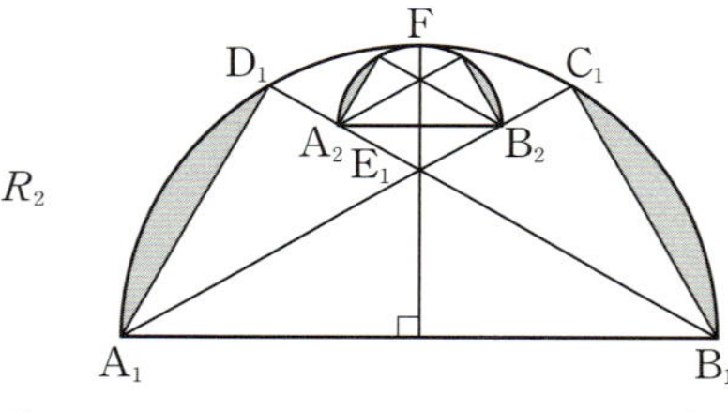

① $\dfrac{2\sqrt{3}+3}{18}\pi-\dfrac{2+\sqrt{3}}{4}$　　　② $\dfrac{2\sqrt{3}+3}{18}\pi-\dfrac{2+\sqrt{3}}{5}$

③ $\dfrac{2\sqrt{3}+3}{18}\pi-\dfrac{2+\sqrt{3}}{6}$　　　④ $\dfrac{2\sqrt{3}+3}{18}\pi-\dfrac{2+\sqrt{3}}{7}$

⑤ $\dfrac{2\sqrt{3}+3}{18}\pi-\dfrac{2+\sqrt{3}}{8}$

[24909-0074] ○ △ ✕

4 함수 $f(x)=\sin \pi x$에 대하여 $f'\left(\dfrac{1}{3}\right)$의 값은?

① $\dfrac{1}{2}$ ② $\dfrac{\sqrt{3}}{2}$ ③ $\dfrac{\pi}{2}$

④ $\dfrac{\sqrt{3}}{2}\pi$ ⑤ π

[24909-0075] ○ △ ✕

5 좌표평면 위를 움직이는 점 P의 시각 $t\ (t>0)$에서의 위치 $(x,\ y)$가

$$x=2\ln t,\ y=t+\dfrac{1}{t}$$

이다. $\dfrac{dy}{dx}$의 값이 $-\dfrac{3}{4}$인 시각에서의 점 P의 속력은?

① $\dfrac{5}{4}$ ② $\dfrac{5}{2}$ ③ 5

④ 10 ⑤ 20

[24909-0076] ○ △ ✕

6 양의 실수 t에 대하여 원점을 지나고 곡선 $y=\dfrac{1}{e^x}+t$에 접하는 직선의 기울기를 $f(t)$라 하자. $f(t_1)=-e\sqrt{e}$를 만족시키는 상수 t_1에 대하여 $60\times|f'(t_1)|$의 값을 구하시오.

고난도

[24909-0077] ○ △ ✕

7 실수 전체의 집합에서 미분가능한 함수 $f(x)$가

$$f(x)=\begin{cases}\dfrac{a(x+1)^2}{x^2+1} & (x\le1)\\ x^3+bx^2+cx+d & (x>1)\end{cases}$$

$$(a>0이고, a, b, c, d는 상수)$$

일 때, 실수 t에 대하여 방정식 $f(x)=t$의 서로 다른 실근의 개수를 $g(t)$라 하자. 함수 $g(t)$가 다음 조건을 만족시킬 때, $f(-a)\times f(a)$의 값은?

> (가) $g(0)=2$
> (나) $\displaystyle\lim_{t\to4-}g(t)-\lim_{t\to4+}g(t)=2$

① $\dfrac{4}{5}$ ② $\dfrac{8}{5}$ ③ $\dfrac{12}{5}$

④ $\dfrac{16}{5}$ ⑤ 4

[24909-0078] ○ △ ✕

8 $\displaystyle\int_0^{\frac{\pi}{4}}\frac{\sec^2 x}{1-\sin^2 x}\,dx-\int_0^{\frac{\pi}{4}}\frac{\tan^2 x}{1-\sin^2 x}\,dx$의 값은?

① 1 ② $\sqrt{2}$ ③ $\sqrt{3}$

④ 2 ⑤ $\sqrt{5}$

[24909-0079] ○ △ ×

9 양의 실수 전체의 집합에서 정의된 함수 $f(x)=(ax+b)e^x$의 역함수가 존재하고, $f(x)$의 역함수를 $g(x)$라 할 때, 두 함수 $f(x)$, $g(x)$가 다음 조건을 만족시킨다.

> (가) $\dfrac{f'(1)}{f(1)}=\dfrac{4}{3}$
>
> (나) $\displaystyle\int_{1}^{5} g'(f(x))e^x\,dx=\ln\sqrt{2}$

두 상수 a, b에 대하여 $10a+b$의 값을 구하시오. (단, $a\neq 0$)

[24909-0080] ○ △ ×

10 그림과 같이 곡선 $y=\sin x+\cos x+1$과 x축, y축 및 직선 $x=\dfrac{\pi}{2}$로 둘러싸인 부분을 밑면으로 하고 x축에 수직인 평면으로 자른 단면이 모두 정사각형인 입체도형의 부피는?

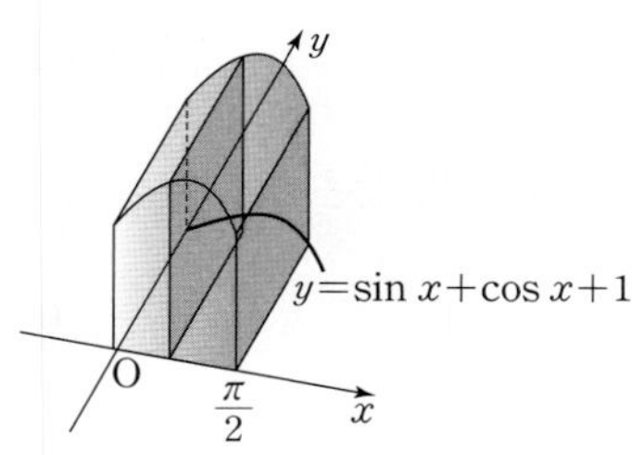

① $\pi+1$ ② $\pi+2$ ③ $\pi+3$

④ $\pi+4$ ⑤ $\pi+5$

09 회 미니모의고사

EBS 수능특강 Q 미니모의고사 **미적분**

○ 알고 맞힘 　/10　 △ 헷갈림 　/10　 ✕ 모르고 틀림 　/10

[24909-0081] ○ △ ✕

1 $\lim\limits_{n \to \infty} \dfrac{2^{3n+1} + 4^{\frac{3}{2}n+1}}{2^{3n} + 1}$ 의 값은?

① 2　　　　② 4　　　　③ 6

④ 8　　　　⑤ 10

[24909-0082] ○ △ ✕

2 두 수열 $\{a_n\}$, $\{b_n\}$이 모든 자연수 n에 대하여 다음 조건을 만족시킨다.

(가) $\displaystyle\sum_{k=1}^{n} 4^k < a_n < \dfrac{4^{n+1}}{3}$

(나) $\dfrac{5n}{2n+1} < \displaystyle\sum_{k=1}^{n} b_k < \dfrac{5n^2 + 2n + 1}{2n^2 + n}$

$\lim\limits_{n \to \infty} \dfrac{a_n + 3^n}{4^{n-1} b_n + 2^{2n+1}}$ 의 값은?

① $\dfrac{1}{2}$　　　　② $\dfrac{7}{12}$　　　　③ $\dfrac{2}{3}$

④ $\dfrac{3}{4}$　　　　⑤ $\dfrac{5}{6}$

고난도 [24909-0083] ○ △ ✕

3 그림과 같이 한 변의 길이가 20인 정삼각형 $A_1B_1C_1$에 대하여 선분 B_1C_1의 중점을 M_1이라 하자. 선분 A_1M_1을 대각선으로 하는 정사각형 $A_1P_1M_1Q_1$을 그리고 사각형 $A_1P_1M_1Q_1$의 내부와 삼각형 $A_1B_1C_1$의 외부의 공통부분에 색칠하여 얻은 그림을 R_1이라 하자.

그림 R_1에 선분 A_1Q_1을 한 변으로 하는 정삼각형 $A_2A_1Q_1$을 사각형 $A_1P_1M_1Q_1$의 내부와 겹치지 않게 그리고, 선분 A_1Q_1의 중점을 M_2라 하자. 선분 A_2M_2를 대각선으로 하는 정사각형 $A_2P_2M_2Q_2$를 그리고 사각형 $A_2P_2M_2Q_2$의 내부와 삼각형 $A_2A_1Q_1$의 외부의 공통부분에 색칠하여 얻은 그림을 R_2라 하자.

이와 같은 과정을 계속하여 n번째 얻은 그림 R_n에 색칠되어 있는 부분의 넓이를 S_n이라 할 때, $\lim\limits_{n \to \infty} S_n = p + q\sqrt{3}$이다. $p + q$의 값을 구하시오. (단, p, q는 유리수이다.)

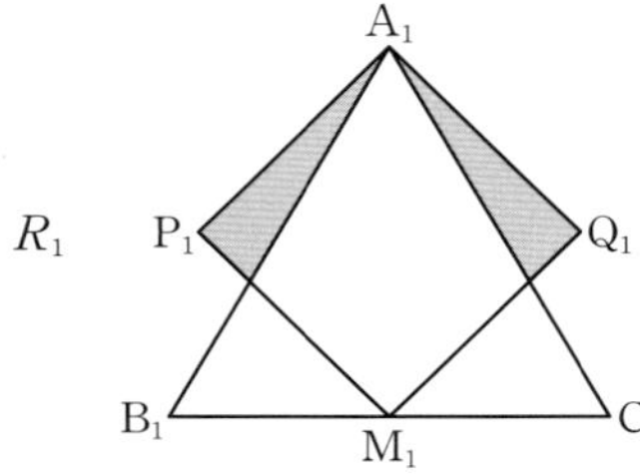

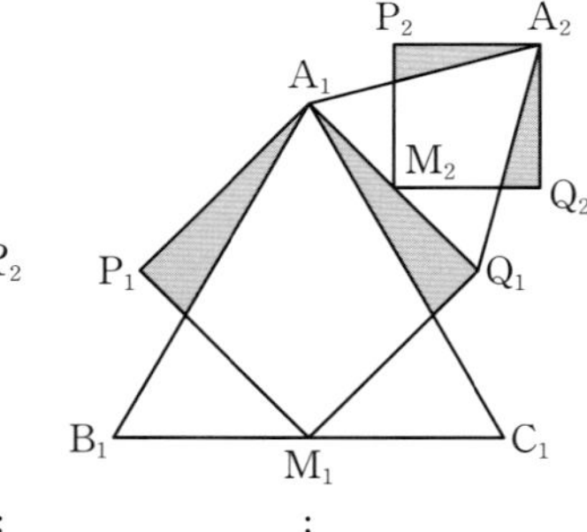

4 [24909-0084] ○ △ ✕

함수 $f(x)=2\sin^2 x-\cos^4 x$에 대하여 $f'\left(\dfrac{\pi}{4}\right)$의 값은?

① 1　　　② $\dfrac{3}{2}$　　　③ 2

④ $\dfrac{5}{2}$　　　⑤ 3

6 [24909-0086] ○ △ ✕

양의 실수 전체의 집합에서 증가하고 미분가능한 두 함수 $f(x)$, $g(x)$가 다음 조건을 만족시킨다.

> (가) $f(1)=e$, $f'(1)=2e$
> (나) 모든 양수 x에 대하여 $g(f(x))=x+\ln x$이다.

함수 $h(x)=f(x)\times g^{-1}(x)$에 대하여 $h'(1)$의 값은?

① e^2　　　② $\dfrac{3}{2}e^2$　　　③ $2e^2$

④ $\dfrac{5}{2}e^2$　　　⑤ $3e^2$

5 [24909-0085] ○ △ ✕

곡선 $y=\sqrt[3]{x^2+4}$ 위의 점 $(2,\,2)$에서의 접선의 기울기는?

① $\dfrac{1}{3}$　　　② $\dfrac{2}{3}$　　　③ 1

④ $\dfrac{4}{3}$　　　⑤ $\dfrac{5}{3}$

7 함수 $f(x)=(x^3+4)e^{-x}$이 있다. 자연수 k에 대하여 함수 $|f(x)-f(k)|$가 $x=\alpha$에서 미분가능하지 않은 실수 α의 개수를 a_k라 할 때, $\displaystyle\sum_{k=1}^{10} ka_k$의 값을 구하시오.

[24909-0087]

8 $\displaystyle\int_{\frac{\pi}{4}}^{\frac{\pi}{2}} \frac{\sin x-\cos x}{\sin x+\cos x}dx$의 값은?

[24909-0088]

① $\dfrac{1}{2}\ln 2$ ② $\ln 2$ ③ $\dfrac{3}{2}\ln 2$

④ $2\ln 2$ ⑤ $\dfrac{5}{2}\ln 2$

고난도 [24909-0089] ○ △ ✕

9 상수 a와 함수 $f(x)=\ln(x^2+1)-\ln(a^2+1)$에 대하여 함수

$$g(x)=\int_a^x f(t)\,dt$$

가 다음 조건을 만족시킨다.

(가) 함수 $g(x)$는 $x=1$에서 극솟값을 갖는다.

(나) x에 대한 방정식 $\displaystyle\int_a^x g(t)\,dt=0$의 서로 다른 모든 실근
의 합은 0보다 작다.

$\displaystyle\int_a^{a+1} xg'(x)\,dx=p\ln\dfrac{5}{2}-q$일 때, $40pq$의 값을 구하시오.

(단, p, q는 유리수이다.)

고난도 [24909-0090] ○ △ ✕

10 정의역이 $\{x\,|\,0<x<\pi\}$인 함수 $f(x)=2\sin x$에 대하여 곡선 $y=f(x)$가 직선 $y=t\,(0<t<2)$와 만나는 서로 다른 두 점을 A, B라 하고, 선분 AB의 길이를 $g(t)$라 하자.

$g'(t)=-2$가 되도록 하는 실수 t의 값을 k라 할 때, 직선 $y=k$와 곡선 $y=f(x)$가 만나는 서로 다른 두 점에서 각각 곡선 $y=f(x)$에 그은 접선과 곡선 $y=f(x)$로 둘러싸인 부분의 넓이는?

① $\dfrac{\pi^2}{36}+\dfrac{\sqrt{3}}{3}\pi-2$ 　　　② $\dfrac{\pi^2}{36}+\dfrac{\sqrt{3}}{3}\pi-1$

③ $\dfrac{\pi^2}{18}+\dfrac{\sqrt{3}}{3}\pi-1$ 　　　④ $\dfrac{\pi^2}{36}+\dfrac{2\sqrt{3}}{3}\pi-1$

⑤ $\dfrac{\pi^2}{18}+\dfrac{2\sqrt{3}}{3}\pi-2$

10회 미니모의고사

EBS 수능특강 Q 미니모의고사 **미적분**

○ 알고 맞힘 　/10　△ 헷갈림 　/10　✕ 모르고 틀림 　/10

[24909-0091] ○ △ ✕

1 $\lim\limits_{n\to\infty}\dfrac{\sqrt{n+1}-\sqrt{n}}{\sqrt{n+2}-\sqrt{n}}$ 의 값은?

① 0　　　　② $\dfrac{1}{2}$　　　　③ $\dfrac{\sqrt{2}}{2}$

④ 1　　　　⑤ $\sqrt{2}$

[24909-0092] ○ △ ✕

2 자연수 n에 대하여 $3n$을 6으로 나눈 나머지를 a_n이라 할 때, $\displaystyle\sum_{n=1}^{\infty}\dfrac{a_n}{3^n}$의 값은?

① $\dfrac{3}{4}$　　　　② $\dfrac{7}{8}$　　　　③ 1

④ $\dfrac{9}{8}$　　　　⑤ $\dfrac{5}{4}$

[고난도]　[24909-0093] ○ △ ✕

3 자연수 n에 대하여 그림과 같이 중심이 O이고 반지름의 길이가 n인 원을 C_1, 점 O를 지나고 반지름의 길이가 $3n-1$인 원을 C_2라 하고, 두 원 C_1, C_2가 만나는 두 점 사이의 거리를 $f(n)$이라 하자. 두 상수 a, b에 대하여

$$\lim_{n\to\infty}\frac{f(n)}{\sqrt{an^b+1}}=\frac{\sqrt{7}}{3}$$

일 때, $a+b$의 값은?

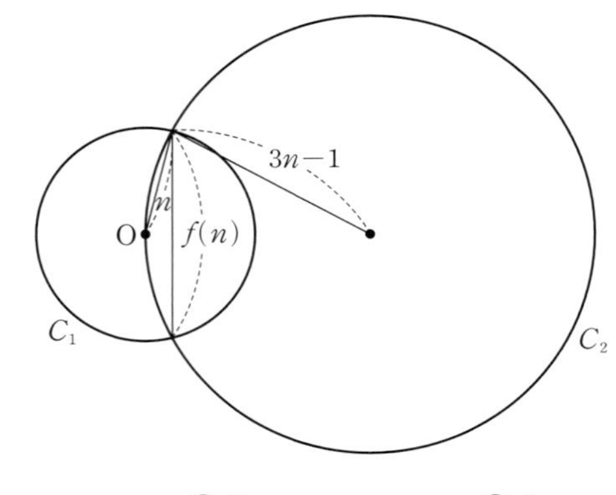

① 6　　　　② 7　　　　③ 8

④ 9　　　　⑤ 10

4 $\displaystyle\lim_{x \to 0} \frac{\ln(1+3x+2x^2)}{x}$의 값은?

① 1   ② 2   ③ 3

④ 4   ⑤ 5

6 좌표평면 위를 움직이는 점 P의 시각 $t\,(t \geq 0)$에서의 위치 $(x,\ y)$가

$$x = \cos t + t \sin t,\quad y = \sin t - t \cos t$$

이다. 점 P의 속력이 π일 때, 직선 OP의 기울기는?

(단, O는 원점이다.)

① $-\pi$ ② $-\dfrac{1}{\pi}$ ③ 0

④ $\dfrac{1}{\pi}$ ⑤ π

5 두 함수 $f(x) = e^{ax} - 1$, $g(x) = \ln(x^2 + b)$에 대하여

$$f(0) = g(0),\quad f'(0) + g'(0) = 1$$

일 때, $a+b$의 값은? (단, a, b는 상수이다.)

① 1   ② 2   ③ 3

④ 4   ⑤ 5

[24909-0097]

고난도

7 자연수 n에 대하여 열린구간 $(0,\ n)$에서 정의된 함수 $f(x)$를

$$f(x)=\pi(x-\ln x)+\cos \pi x$$

라 하자. 함수 $f(x)$가 극소가 되는 x의 개수가 8이 되도록 하는 n의 최솟값, 최댓값을 각각 $a,\ b$라 할 때, $a+b$의 값을 구하시오.

[24909-0098]

8 $\displaystyle\int_0^4 |2^x-4|\,dx$의 값은

① $\dfrac{1}{\ln 2}$ ② $\dfrac{3}{\ln 2}$ ③ $\dfrac{5}{\ln 2}$

④ $\dfrac{7}{\ln 2}$ ⑤ $\dfrac{9}{\ln 2}$

[24909-0099] ○ △ ✕

9 그림과 같이 길이가 2인 선분 AB를 지름으로 하는 원 위의 한 점 P를 지나고 선분 AB에 수직인 직선이 원과 만나는 점 중 P가 아닌 점을 Q라 하자. $\angle PAB = \theta$라 하고 삼각형 BPQ의 넓이를 $S(\theta)$라 할 때, $\int_{\frac{\pi}{6}}^{\frac{\pi}{3}} S(\theta)\,d\theta$의 값은?

$$\left(0 < \theta < \frac{\pi}{2}\right)$$

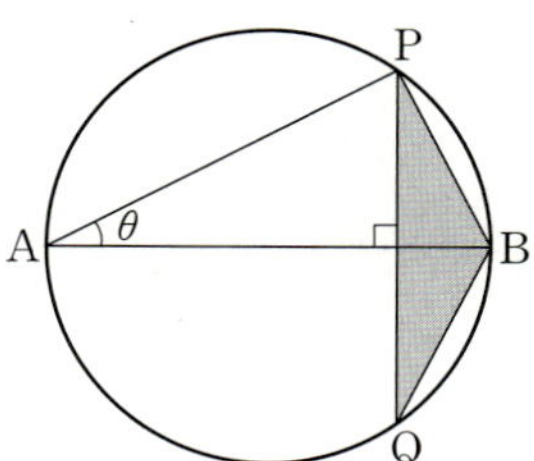

① $\dfrac{1}{2}$　　② $\dfrac{9}{16}$　　③ $\dfrac{5}{8}$

④ $\dfrac{11}{16}$　　⑤ $\dfrac{3}{4}$

고난도 **[24909-0100]** ○ △ ✕

10 정의역이 $\{x \mid x > 0\}$인 미분가능한 함수 $f(x)$가 모든 양의 실수 x에 대하여

$$f(x) > 0,\ \{f(x)\}^2 - xf(x)f'(x) = x^4 e^{-x}$$

을 만족시킨다.

$$\int_1^2 \frac{e^{2x}\{f(2x)\}^3}{x^3}\,dx - 12\int_2^4 f(x)\,dx$$
$$= \frac{e^4}{m}\{f(4)\}^3 - \frac{e^2}{2}\{f(2)\}^3$$

일 때, 자연수 m의 값을 구하시오.

11_회 미니모의고사

○ 알고 맞힘 /10 △ 헷갈림 /10 ✗ 모르고 틀림 /10

[24909-0101] ○ △ ✗

1 실수 a에 대하여 $\lim\limits_{n\to\infty}\dfrac{n-1}{3n+1}=a$일 때, $\lim\limits_{n\to\infty}\dfrac{a^{-n}+4}{a^{2-n}+1}$의 값은?

① $\dfrac{1}{9}$　　　② $\dfrac{1}{3}$　　　③ 1

④ 3　　　⑤ 9

[24909-0102] ○ △ ✗

2 그림과 같이 자연수 n에 대하여 좌표평면에 중심이 원점 O이고 반지름의 길이가 각각 2^n, 3^n인 두 원 C_1, C_2가 있다. 원 C_1이 $x>0$에서 x축과 만나는 점을 A, 점 A를 지나고 원 C_1에 접하는 직선이 제1사분면에서 원 C_2와 만나는 점을 B, 원 C_2가 $x<0$에서 x축과 만나는 점을 C라 하자. 선분 BC의 길이를 $f(n)$이라 할 때, $\lim\limits_{n\to\infty}\dfrac{f(n+1)}{f(n)}$의 값은?

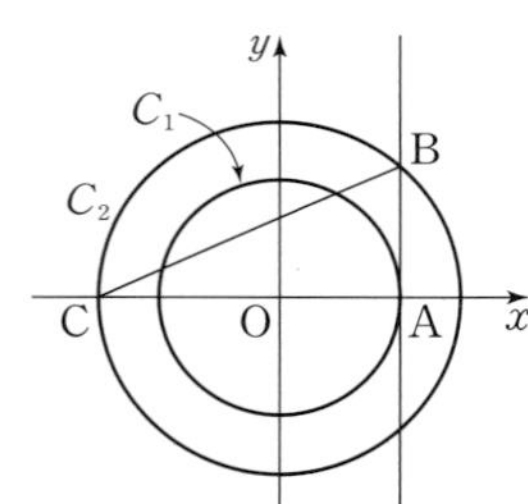

① 1　　　② 2　　　③ 3

④ 4　　　⑤ 5

고난도

[24909-0103] ○ △ ✗

3 수열 $\{a_n\}$의 일반항이

$$a_n=\begin{cases}\dfrac{p}{n(n+2)} & (n\text{이 홀수인 경우}) \\[2mm] 2^{-n} & (n\text{이 짝수인 경우})\end{cases}$$

일 때, $\displaystyle\sum_{n=5}^{\infty}a_n=\dfrac{1}{12}$을 만족시키는 상수 p의 값은?

① $\dfrac{1}{8}$　　　② $\dfrac{3}{8}$　　　③ $\dfrac{5}{8}$

④ $\dfrac{7}{8}$　　　⑤ $\dfrac{9}{8}$

[24909-0104]　○　△　✕

4 $\displaystyle\lim_{x\to 0}\dfrac{\log_5(1+x^2)}{x(5^x-1)}$의 값은?

① $\dfrac{1}{(\ln 5)^2}$　　② $\dfrac{1}{\ln 5}$　　③ 1

④ $\ln 5$　　⑤ $(\ln 5)^2$

[24909-0105]　○　△　✕

5 $2\cos\alpha=\sin\alpha$이고 $\tan(\alpha+\beta)=3$일 때, $\tan\beta$의 값은?

① $\dfrac{1}{5}$　　② $\dfrac{1}{6}$　　③ $\dfrac{1}{7}$

④ $\dfrac{1}{8}$　　⑤ $\dfrac{1}{9}$

[24909-0106]　○　△　✕

6 매개변수 t로 나타내어진 곡선

$$x=e^{t-1}+t,\ y=\ln\dfrac{t^2+1}{2}$$

에 대하여 $t=1$에 대응하는 점에서의 접선이 x축, y축과 만나는 점을 각각 A, B라 하자. 삼각형 AOB의 넓이는?

(단, O는 원점이다.)

① $\dfrac{1}{2}$　　② 1　　③ $\dfrac{3}{2}$

④ 2　　⑤ $\dfrac{5}{2}$

고난도

7 실수 t에 대하여 $-\pi \leq x \leq \pi$에서 x에 대한 방정식

$$\sin(\pi \cos x) = t$$

의 서로 다른 실근의 개수를 $f(t)$라 하자. 함수 $f(t)$의 치역의 모든 원소의 합을 구하시오.

8 $\displaystyle\int_1^e \left(\ln x^3 + \frac{1}{x}\right) dx$의 값은?

① 1   ② 2   ③ 3

④ 4   ⑤ 5

[24909-0109] ○ △ ✕

9 그림과 같이 곡선 $y=2^x-1$은 직선 $y=-x+2$와 점 $(1,\ 1)$ 에서 만난다. 곡선 $y=2^x-1$과 두 직선 $x=0$, $y=-x+2$로 둘러싸인 부분의 넓이를 S_1, 곡선 $y=2^x-1$과 두 직선 $y=-x+2$, $x=2$로 둘러싸인 부분의 넓이를 S_2라 하자. S_2-S_1의 값은?

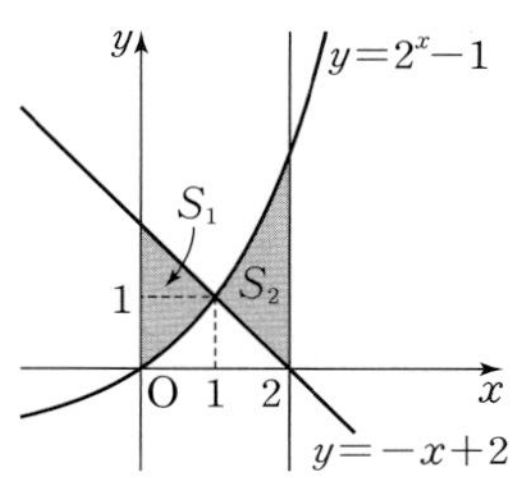

① $\dfrac{3}{\ln 2}-4$ ② $\dfrac{2}{\ln 2}-2$ ③ $\dfrac{3}{\ln 2}-3$

④ $\dfrac{2}{\ln 2}-1$ ⑤ $\dfrac{3}{\ln 2}-2$

[24909-0110] ○ △ ✕

고난도

10 그림과 같이 닫힌구간 $[1,\ 4]$를 n등분한 점을 각각

$$x_0(=1),\ x_1,\ x_2,\ x_3,\ \cdots,\ x_n(=4)$$

라 하자. 곡선 $y=\sqrt{x}$ 위의 점

$$P_k(x_k,\ \sqrt{x_k})\ (k=1,\ 2,\ 3,\ \cdots,\ n)$$

에서의 접선이 y축과 만나는 점을 Q_k, 점 P_k를 지나고 점 P_k에서의 접선과 수직인 직선이 x축과 만나는 점을 R_k라 하자. 삼각형 $P_kQ_kR_k$의 넓이를 S_k라 할 때, $\displaystyle\lim_{n\to\infty}\frac{1}{n}\sum_{k=1}^{n}S_k=\frac{q}{p}$이다. $p+q$의 값을 구하시오. (단, p와 q는 서로소인 자연수이다.)

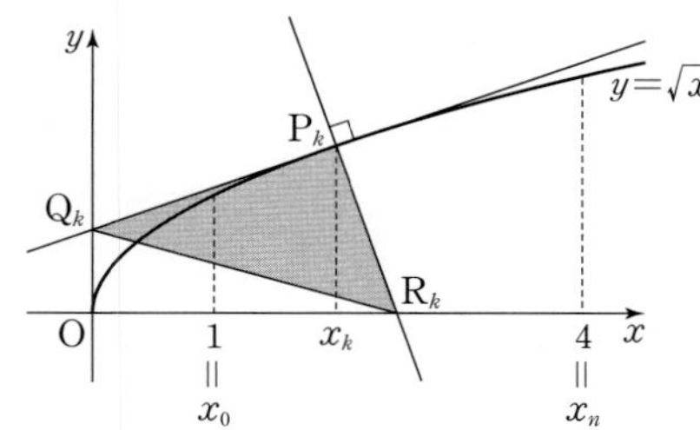

12회 미니모의고사

EBS 수능특강 **Q** 미니모의고사 **미적분**

○ 알고 맞힘 /10   △ 헷갈림 /10   ✕ 모르고 틀림 /10

[24909-0111] ○ △ ✕

1 모든 항이 양수인 두 수열 $\{a_n\}$, $\{b_n\}$에 대하여 $\lim\limits_{n\to\infty}\dfrac{a_n}{b_n}=2$일 때, $\lim\limits_{n\to\infty}\dfrac{3a_n-4b_n}{a_n+2b_n}$의 값은?

① $\dfrac{1}{4}$　　② $\dfrac{1}{2}$　　③ $\dfrac{3}{4}$

④ 1　　⑤ $\dfrac{5}{4}$

[24909-0112] ○ △ ✕

2 $\lim\limits_{n\to\infty}\left(\sqrt{n^2+2n}+\sqrt{4n^2+an}-3n\right)=\dfrac{7}{6}$일 때, 상수 a의 값은?

① $\dfrac{1}{6}$　　② $\dfrac{1}{3}$　　③ $\dfrac{1}{2}$

④ $\dfrac{2}{3}$　　⑤ $\dfrac{5}{6}$

[24909-0113] ○ △ ✕

3 모든 자연수 n에 대하여 $a_n=\dfrac{5}{n}$인 수열 $\{a_n\}$이 어떤 자연수 p에 대하여
$$\sum_{n=1}^{\infty}\left(a_{n+p-1}\times a_{n+p+1}\right)=\dfrac{45}{8}$$
를 만족시킬 때, p의 값을 구하시오.

---

4 [24909-0114] ○ △ ✕

$\displaystyle\lim_{x\to 0}\dfrac{\ln(1+2x)+\ln(1-2x)}{x^2}$ 의 값은?

① -4 　　② -2 　　③ 0

④ 2 　　⑤ 4

5 [24909-0115] ○ △ ✕

두 함수 $f(x)=\tan\dfrac{x}{2}$, $g(x)=e^{2x}$에 대하여

$\displaystyle\lim_{x\to\frac{\pi}{2}}\dfrac{g(f(x))-e^2}{2x-\pi}$ 의 값은?

① e^2 　　② $\dfrac{3}{2}e^2$ 　　③ $2e^2$

④ $\dfrac{5}{2}e^2$ 　　⑤ $3e^2$

6 [24909-0116] ○ △ ✕

미분가능한 함수 $f(x)$가 $f(1)=\ln 2$, $f'(1)=3$을 만족시킨다. 함수 $g(x)=\dfrac{1}{1+e^x}$에 대하여 합성함수 $y=(g\circ f)(x)$의 그래프 위의 점 $(1,\ (g\circ f)(1))$에서의 접선의 기울기는?

① $-\dfrac{10}{3}$ 　　② $-\dfrac{8}{3}$ 　　③ -2

④ $-\dfrac{4}{3}$ 　　⑤ $-\dfrac{2}{3}$

[24909-0117] ○ △ ✕

7 최고차항의 계수가 -1이고 $f(0)=1$인 삼차함수 $f(x)$에 대하여 함수 $g(x)=\sin(\pi f(x))$가 다음 조건을 만족시킨다.

> (가) 함수 $g(x)$는 $x=0$에서 극소이다.
> (나) 함수 $g(x)$가 $x=\alpha$에서 최대가 되는 모든 양수 α를 작은 수부터 크기순으로 나열한 수열을 $\{\alpha_n\}$이라 할 때, $\alpha_2=1$이다.

$f(-4)$의 값을 구하시오.

[24909-0118] ○ △ ✕

8 $\displaystyle\lim_{n\to\infty}\sum_{k=1}^{n}\frac{\sqrt[n]{e^{2k}}}{n}$의 값은?

① $\dfrac{e-1}{4}$
② $\dfrac{e-1}{2}$
③ $\dfrac{e^2-1}{2}$
④ e^2-1
⑤ $2(e^2-1)$

9 실수 전체의 집합에서 미분가능한 두 함수 $f(x)$, $g(x)$가 다음 조건을 만족시킨다.

[24909-0119]

> (가) 모든 실수 x에 대하여 $f(x)>0$, $g(x)>0$이다.
> (나) 모든 실수 x에 대하여
> $$f'(x)g(x)-f(x)g'(x)=f(x)g(x)$$이다.

$f(1)=g(1)$일 때, $\displaystyle\sum_{n=2}^{\infty}\frac{g(n)}{f(n)}$의 값은? (단, n은 자연수이다.)

① $\dfrac{1}{e+1}$
② $\dfrac{1}{e-1}$
③ $\dfrac{e}{e+1}$
④ $\dfrac{e}{e-1}$
⑤ $\dfrac{e+1}{e-1}$

10 고난도 [24909-0120]

좌표평면 위를 움직이는 점 P의 시각 t $(t>0)$에서의 위치는 곡선 $y=2e^{-\frac{x}{2}}$ 위의 $x=\ln t$인 점이고 좌표평면 위를 움직이는 점 Q의 시각 t $(t>0)$에서의 위치는 곡선 $y=\dfrac{2}{3}\sqrt{3x}$ 위의 $x=\dfrac{1}{3t}$인 점이다. 선분 PQ를 $3:1$로 내분하는 점을 R라 할 때, 시각 $t=1$에서 $t=e$까지 점 R가 움직인 거리는 $p+\dfrac{q}{e}$이다. 두 유리수 p, q에 대하여 $8(p+q)$의 값을 구하시오.

13 회 미니모의고사

EBS 수능특강 Q 미니모의고사 **미적분**

● 알고 맞힘 __/10   △ 헷갈림 __/10   ✕ 모르고 틀림 __/10

[24909-0121]   O △ ✕

1 첫째항이 5이고 공비가 $r\,(0<r<3)$인 등비수열 $\{a_n\}$이 $\displaystyle\sum_{n=1}^{\infty} \frac{a_n+2}{3^n}=3$을 만족시킬 때, r의 값은?

① $\dfrac{1}{2}$　　② $\dfrac{7}{12}$　　③ $\dfrac{2}{3}$

④ $\dfrac{3}{4}$　　⑤ $\dfrac{5}{6}$

[24909-0122]   O △ ✕

2 다항함수 $f(x)$가 자연수 n에 대하여 다음 조건을 만족시킨다.

(가) $\displaystyle\lim_{n\to\infty}\frac{f(n)}{n^2+1}=2$

(나) $\displaystyle\lim_{n\to\infty}(2n+3)f\left(\frac{1}{n}\right)=3$

$f(2)$의 값을 구하시오.

[24909-0123]   O △ ✕

고난도

3 수열 $\{a_n\}$의 일반항이 $a_n=\dfrac{n+3}{3n-1}$이고, 수열 $\{b_n\}$의 첫째항부터 제n항까지의 합을 T_n이라 할 때, 두 수열 $\{a_n\}$, $\{b_n\}$은 다음 조건을 만족시킨다.

(가) 모든 자연수 n에 대하여 $a_n-a_{n+1}\leq b_n$이다.

(나) 모든 자연수 n에 대하여
$$T_n+T_{n+1}<\frac{30n^2+52n+15}{9n^2+15n+4}$$이다.

$\displaystyle\sum_{n=1}^{\infty} b_n=p$일 때, 실수 p의 값은?

① $\dfrac{1}{3}$　　② $\dfrac{2}{3}$　　③ 1

④ $\dfrac{4}{3}$　　⑤ $\dfrac{5}{3}$

[24909-0124] ○ △ ✕

4 $\lim\limits_{x \to 0} \dfrac{1}{x} \ln \dfrac{e^{x+1}}{e+x}$ 의 값은?

① $\dfrac{1}{e}$ 　　② $1 - \dfrac{1}{e}$ 　　③ 1

④ $1 + \dfrac{1}{e}$ 　　⑤ e

[24909-0125] ○ △ ✕

5 곡선 $y = a \cos x + \ln \dfrac{x}{\pi}$ 위의 $x = \dfrac{\pi}{6}$ 인 점에서의 접선의

기울기가 $3 + \dfrac{b}{\pi}$ 일 때, $a + b$ 의 값은?

(단, a, b는 유리수이다.)

① -6 　　② -3 　　③ 0

④ 3 　　⑤ 6

[24909-0126] ○ △ ✕

6 직사각형 모양의 땅에 직사각형 모양의 수영장을 만들려고 한다. 그림과 같이 수영장을 제외한 땅에서 오른쪽과 왼쪽 간격을 각각 1 m, 위쪽과 아래쪽 간격을 각각 0.5 m로 정하면 수영장의 넓이는 8 m²이다. 이 직사각형 모양의 땅의 넓이는 가로의 길이가 a m일 때 최솟값 b m²를 갖는다. $a+b$의 값을 구하시오. (단, 땅의 둘레의 각 변과 수영장 둘레의 각 변은 서로 평행하거나 수직이다.)

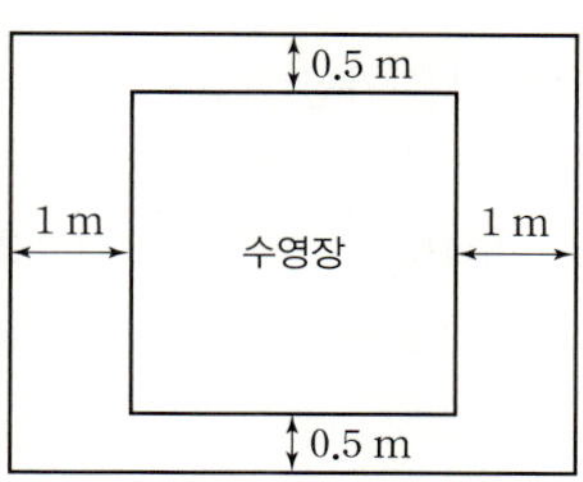

고난도

[24909-0127] ○ △ ✕

7 이차함수 $f(x)$에 대하여 함수 $g(x)$를

$$g(x)=\ln|f(x)+1|$$

이라 하자. 두 함수 $f(x)$, $g(x)$가 다음 조건을 만족시킬 때, $g(3)$의 값은?

> (가) 함수 $g(x)$는 실수 전체의 집합에서 미분가능하고,
> $$\lim_{x \to 1} \frac{g(x)}{x-1}=4$$이다.
> (나) $f(2)$는 10보다 작은 자연수이다.

① $\ln 21$　　② $\ln 23$　　③ $2 \ln 5$

④ $3 \ln 3$　　⑤ $\ln 29$

[24909-0128] ○ △ ✕

8 다항함수 $f(x)$가 $f(0)=\dfrac{\pi}{6}$, $f(1)=\dfrac{\pi}{2}$를 만족시킬 때, $\displaystyle\int_0^1 \{f'(x) \times \cos f(x)\}\,dx$의 값은?

① $\dfrac{1}{8}$　　② $\dfrac{1}{4}$　　③ $\dfrac{3}{8}$

④ $\dfrac{1}{2}$　　⑤ $\dfrac{5}{8}$

9 [24909-0129] ○ △ ✕

실수 전체의 집합에서 이계도함수가 존재하는 함수 $f(x)$ 가 $\int_0^\pi \{f''(x)+4f(x)\}\sin 2x\,dx+2\pi^2=0$을 만족시킨다. $f(0)=1$일 때, $f(\pi)$의 값은?

① $\pi-1$ ② π ③ $\pi+1$

④ π^2-1 ⑤ π^2+1

10 고난도 [24909-0130] ○ △ ✕

실수 전체의 집합에서 연속이고 모든 실수 x에 대하여 $f(x)\geq0$인 함수 $f(x)$가 있다. 양수 t에 대하여 곡선 $y=f(x)$ $(x\geq0)$과 x축, y축 및 직선 $x=t$로 둘러싸인 부분을 밑면으로 하고 x축에 수직인 평면으로 자른 단면이 모두 정사각형인 입체도형의 부피가 $(t^2+1)e^t-1$이다. $t=2$일 때 이 입체도형의 밑면의 넓이, 즉 곡선 $y=f(x)$ $(x\geq0)$과 x축, y축 및 직선 $x=2$로 둘러싸인 부분의 넓이는 $ae+b$이다. 두 정수 a, b에 대하여 $a+b$의 값을 구하시오.

14회 미니모의고사

EBS 수능특강 Q 미니모의고사 **미적분**

○ 알고 맞힘 ___/10   △ 헷갈림 ___/10   ✕ 모르고 틀림 ___/10

[24909-0131] ○ △ ✕

1 $\lim\limits_{n\to\infty} \dfrac{\dfrac{1}{2^n}+\dfrac{2}{3^n}}{\dfrac{3}{2^n}+\dfrac{1}{3^n}}$ 의 값은?

① $\dfrac{1}{3}$　　② $\dfrac{1}{2}$　　③ 1

④ 2　　⑤ 3

[24909-0132] ○ △ ✕

2  두 수열 $\{a_n\}$, $\{b_n\}$에 대하여 $\sum\limits_{n=1}^{\infty} a_n = 2$이고 모든 자연수 n에 대하여 $\sum\limits_{k=1}^{n}\left(b_k+\dfrac{k^2}{n^3}\right)=\dfrac{n}{n+1}$일 때, $\sum\limits_{n=1}^{\infty}(a_n+3b_n)$의 값은?

① 1　　② 2　　③ 3

④ 4　　⑤ 5

고난도　　　　[24909-0133] ○ △ ✕

3 그림과 같이 $\overline{A_1B_1}=4$, $\overline{A_1D}=8$인 직사각형 $A_1B_1C_1D$가 있다. 선분 A_1B_1의 중점을 E_1이라 하고, 선분 A_1D를 $1:3$으로 내분하는 점을 F_1이라 하자. 선분 B_1D 위에 $\overline{G_1E_1}=\overline{G_1F_1}$인 점 G_1을 잡고 삼각형 $E_1B_1G_1$의 외접원의 내부에 색칠하여 얻은 그림을 R_1이라 하자.

그림 R_1에서 세 선분 A_1D, B_1D, C_1D의 중점을 각각 A_2, B_2, C_2라 하고, 직사각형 $A_2B_2C_2D$에서 그림 R_1을 얻은 것과 같은 방법으로 삼각형 $E_2B_2G_2$의 외접원의 내부에 색칠하여 얻은 그림을 R_2라 하자.

이와 같은 과정을 계속하여 n번째 얻은 그림 R_n에 색칠되어 있는 부분의 넓이를 S_n이라 할 때, $\lim\limits_{n\to\infty} S_n$의 값은?

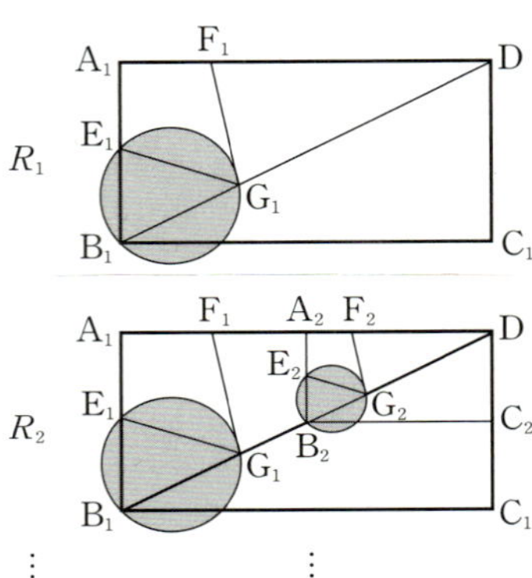

① $\dfrac{85}{27}\pi$　　② $\dfrac{86}{27}\pi$　　③ $\dfrac{29}{9}\pi$

④ $\dfrac{88}{27}\pi$　　⑤ $\dfrac{89}{27}\pi$

[24909-0134] 

4 $\displaystyle\lim_{x\to 0}\frac{e^{2x}-2^{2x}}{x}$ 의 값은?

① $2-3\ln 2$　　② $2-\ln 6$　　③ $2-2\ln 2$

④ $2-\ln 2$　　⑤ 2

[24909-0135]

5 함수 $f(x)=(x^2+ax-a+4)e^{-x}$의 역함수가 존재하도록 하는 정수 a의 개수는?

① 6　　　　② 7　　　　③ 8

④ 9　　　　⑤ 10

[24909-0136]

6 함수 $f(x)=2e^{2x}-e^{-x}+\dfrac{1}{2}$에 대하여 곡선 $y=f(x)$의 변곡점의 좌표가 $(a,\ b)$일 때, 두 수 $a,\ b$의 곱 ab의 값은?

① $-2\ln 2$　　② $-\ln 2$　　③ 1

④ $\ln 2$　　　⑤ $2\ln 2$

[24909-0137]

7 자연수 n에 대하여 함수 $f(x)$를

$$f(x)=\frac{1}{2}\ln(x^2+n)$$

이라 하자. 임의의 두 실수 x_1, x_2에 대하여 $x_1 < x_2$이면 $f(x_1)-ax_2 < f(x_2)-ax_1$을 만족시키는 실수 a의 최솟값을 $g(n)$이라 할 때, $\displaystyle\sum_{n=1}^{9}\frac{1}{\{g(n)\}^2}$의 값을 구하시오.

[24909-0138]

8 $\displaystyle\int_0^{\frac{\pi}{2}}\sin^3 x\cos^5 x\,dx$의 값은?

① $\dfrac{1}{48}$ ② $\dfrac{1}{24}$ ③ $\dfrac{1}{16}$

④ $\dfrac{1}{12}$ ⑤ $\dfrac{5}{48}$

9 [24909-0139] ○ △ ✕

그림과 같이 곡선 $y=\dfrac{\ln x}{\sqrt{x}}$ 와 x축 및 두 직선 $x=e$, $x=e^2$으로 둘러싸인 부분을 밑면으로 하고, x축에 수직인 평면으로 자른 단면이 모두 정삼각형인 입체도형의 부피가 $\dfrac{q}{p}\sqrt{3}$이다. $p+q$의 값을 구하시오.

(단, p와 q는 서로소인 자연수이다.)

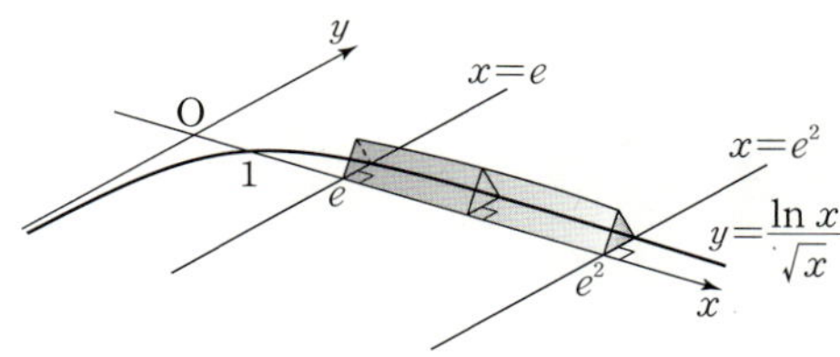

10 고난도 [24909-0140] ○ △ ✕

실수 전체의 집합에서 미분가능한 함수 $f(x)$가 모든 실수 x에 대하여 등식

$$\int_1^x (x-t+1)f(t)\,dt = (2ax+b)e^{-2x+2}+bx+a$$

를 만족시킨다. 함수 $g(x)=e^x f(x)$에 대하여 $g(2)=9e-c$일 때, $a+b+c$의 값을 구하시오. (단, a, b, c는 유리수이다.)

수학영역 | 미적분

정답과 풀이

한눈에 보는 정답

01회 미니모의고사
본문 4~7쪽

1 ① 2 ④ 3 ① 4 ① 5 ② 6 ② 7 11
8 160 9 ① 10 ④

02회 미니모의고사
본문 8~11쪽

1 ② 2 ① 3 ② 4 ⑤ 5 ③ 6 ⑤ 7 11
8 ③ 9 ⑤ 10 9

03회 미니모의고사
본문 12~15쪽

1 ② 2 ③ 3 21 4 ⑤ 5 ⑤ 6 ⑤ 7 ⑤
8 ④ 9 ④ 10 35

04회 미니모의고사
본문 16~19쪽

1 ③ 2 ④ 3 ② 4 ④ 5 ④ 6 ② 7 17
8 ② 9 ③ 10 6

05회 미니모의고사
본문 20~23쪽

1 ③ 2 ③ 3 ⑤ 4 ⑤ 5 72 6 ③ 7 4
8 ② 9 12 10 ③

06회 미니모의고사
본문 24~27쪽

1 ② 2 ② 3 ④ 4 ① 5 ④ 6 ③ 7 15
8 ① 9 ④ 10 5

07회 미니모의고사
본문 28~31쪽

1 ③ 2 ⑤ 3 4 4 ① 5 ② 6 12 7 ②
8 ④ 9 ① 10 25

08회 미니모의고사
본문 32~35쪽

1 ③ 2 8 3 ① 4 ③ 5 ③ 6 40 7 ①
8 ① 9 24 10 ⑤

09회 미니모의고사
본문 36~39쪽

1 ③ 2 ③ 3 240 4 ⑤ 5 ① 6 ⑤ 7 108
8 ① 9 150 10 ①

10회 미니모의고사
본문 40~43쪽

1 ① 2 ④ 3 ② 4 ③ 5 ② 6 ① 7 31
8 ⑤ 9 ① 10 16

11회 미니모의고사
본문 44~47쪽

1 ⑤ 2 ③ 3 ③ 4 ① 5 ③ 6 ② 7 11
8 ④ 9 ① 10 587

12회 미니모의고사
본문 48~51쪽

1 ② 2 ④ 3 4 4 ① 5 ① 6 ⑤ 7 41
8 ③ 9 ② 10 2

13회 미니모의고사
본문 52~55쪽

1 ① 2 11 3 ⑤ 4 ② 5 ③ 6 24 7 ⑤
8 ④ 9 ⑤ 10 4

14회 미니모의고사
본문 56~59쪽

1 ① 2 ④ 3 ① 4 ③ 5 ④ 6 ④ 7 180
8 ② 9 19 10 57

01회 미니모의고사

본문 4~7쪽

1 ①	**2** ④	**3** ①	**4** ①
5 ②	**6** ②	**7** 11	**8** 160
9 ①	**10** ④		

1

$\lim\limits_{n\to\infty} a_n=3$, $\lim\limits_{n\to\infty}(2a_n-b_n)=5$이므로

$$\begin{aligned}\lim_{n\to\infty} b_n &=\lim_{n\to\infty}\{2a_n-(2a_n-b_n)\}\\ &=2\lim_{n\to\infty}a_n-\lim_{n\to\infty}(2a_n-b_n)\\ &=2\times3-5\\ &=1\end{aligned}$$

2

$a_n=3b_n-4$에서 $b_n=\dfrac{1}{3}a_n+\dfrac{4}{3}$이므로

$$\begin{aligned}a_{n+1}&=3b_n\\ &=3\times\left(\dfrac{1}{3}a_n+\dfrac{4}{3}\right)\\ &=a_n+4\end{aligned}$$

즉, 수열 $\{a_n\}$은 첫째항이 1이고 공차가 4인 등차수열이므로

$$\begin{aligned}a_n&=1+(n-1)\times4\\ &=4n-3\end{aligned}$$

따라서

$$\begin{aligned}b_n&=\dfrac{1}{3}a_n+\dfrac{4}{3}\\ &=\dfrac{1}{3}\times(4n-3)+\dfrac{4}{3}\\ &=\dfrac{4n+1}{3}\end{aligned}$$

이므로

$$\begin{aligned}\sum_{n=1}^{\infty}\dfrac{1}{a_nb_n}&=\sum_{n=1}^{\infty}\dfrac{3}{(4n-3)(4n+1)}\\ &=\lim_{n\to\infty}\sum_{k=1}^{n}\dfrac{3}{(4k-3)(4k+1)}\\ &=\lim_{n\to\infty}\dfrac{3}{4}\sum_{k=1}^{n}\left(\dfrac{1}{4k-3}-\dfrac{1}{4k+1}\right)\\ &=\lim_{n\to\infty}\dfrac{3}{4}\left\{\left(1-\dfrac{1}{5}\right)+\left(\dfrac{1}{5}-\dfrac{1}{9}\right)+\left(\dfrac{1}{9}-\dfrac{1}{13}\right)+\cdots\right.\\ &\qquad\qquad\left.+\left(\dfrac{1}{4n-3}-\dfrac{1}{4n+1}\right)\right\}\\ &=\lim_{n\to\infty}\dfrac{3}{4}\left(1-\dfrac{1}{4n+1}\right)\\ &=\dfrac{3}{4}\times1\\ &=\dfrac{3}{4}\end{aligned}$$

3

삼각형 $A_1B_1C_1$에서

$$\begin{aligned}\overline{B_1C_1}&=\sqrt{\overline{A_1B_1}^2+\overline{C_1A_1}^2-2\times\overline{A_1B_1}\times\overline{C_1A_1}\times\cos\dfrac{\pi}{3}}\\ &=\sqrt{2^2+1^2-2\times2\times1\times\dfrac{1}{2}}\\ &=\sqrt{3}\end{aligned}$$

이때 원 O_1의 반지름의 길이를 r라 하면

$$\dfrac{1}{2}\times\overline{A_1B_1}\times\overline{C_1A_1}\times\sin\dfrac{\pi}{3}=\dfrac{1}{2}\times(\overline{A_1B_1}+\overline{B_1C_1}+\overline{C_1A_1})\times r$$

에서

$$\dfrac{1}{2}\times2\times1\times\dfrac{\sqrt{3}}{2}=\dfrac{1}{2}(2+\sqrt{3}+1)\times r$$

이므로

$$\begin{aligned}r&=\dfrac{\sqrt{3}}{3+\sqrt{3}}\\ &=\dfrac{\sqrt{3}(3-\sqrt{3})}{(3+\sqrt{3})(3-\sqrt{3})}\\ &=\dfrac{3\sqrt{3}-3}{6}\\ &=\dfrac{\sqrt{3}-1}{2}\end{aligned}$$

그러므로

$$\begin{aligned}l_1&=2\times\dfrac{\sqrt{3}-1}{2}\pi\\ &=(\sqrt{3}-1)\pi\end{aligned}$$

원 O_1에 내접하는 삼각형이 $A_2B_2C_2$이므로 사인법칙에 의하여

$$\begin{aligned}\overline{B_2C_2}&=2\times\dfrac{\sqrt{3}-1}{2}\times\sin\dfrac{\pi}{3}\\ &=\dfrac{3-\sqrt{3}}{2}\end{aligned}$$

이때 수열 $\{l_n\}$은 등비수열이고,

$$\begin{aligned}\dfrac{\overline{B_2C_2}}{\overline{B_1C_1}}&=\dfrac{\dfrac{3-\sqrt{3}}{2}}{\sqrt{3}}\\ &=\dfrac{3-\sqrt{3}}{2\sqrt{3}}\\ &=\dfrac{\sqrt{3}-1}{2}\end{aligned}$$

이므로 수열 $\{l_n\}$의 공비는 $\dfrac{\sqrt{3}-1}{2}$이다.

따라서

$$\begin{aligned}\sum_{n=1}^{\infty}l_n&=\dfrac{(\sqrt{3}-1)\pi}{1-\dfrac{\sqrt{3}-1}{2}}\\ &=\dfrac{2(\sqrt{3}-1)\pi}{3-\sqrt{3}}\\ &=\dfrac{2\sqrt{3}}{3}\pi\end{aligned}$$

다른 풀이

$\angle A_1=\dfrac{\pi}{3}$이고, $\overline{A_1B_1}=2$, $\overline{C_1A_1}=1$이므로

$\angle C_1 = \dfrac{\pi}{2}$

이때 $\overline{B_1C_1} = \sqrt{3}$

또 위에서 $r = \dfrac{\sqrt{3}-1}{2}$

이때 삼각형 $A_2B_2C_2$에서 $\angle C_2 = \dfrac{\pi}{2}$이므로

$$\begin{aligned}\overline{A_2B_2} &= 2 \times r \\ &= 2 \times \dfrac{\sqrt{3}-1}{2} \\ &= \sqrt{3}-1\end{aligned}$$

그러므로 수열 $\{l_n\}$의 공비는

$$\dfrac{\overline{A_2B_2}}{\overline{A_1B_1}} = \dfrac{\sqrt{3}-1}{2}$$

4

$$\begin{aligned}\lim_{x \to 0} \dfrac{xe^{2x}}{e^{2x}-1} &= \lim_{x \to 0} \dfrac{xe^{2x}}{(e^x-1)(e^x+1)} \\ &= \lim_{x \to 0}\left(\dfrac{x}{e^x-1} \times \dfrac{e^{2x}}{e^x+1}\right) \\ &= 1 \times \dfrac{1}{2} = \dfrac{1}{2}\end{aligned}$$

다른 풀이

$2x=t$로 놓으면 $x=\dfrac{1}{2}t$이고, $x \to 0$일 때 $t \to 0$이므로

$$\begin{aligned}\lim_{x \to 0} \dfrac{xe^{2x}}{e^{2x}-1} &= \lim_{t \to 0} \dfrac{\dfrac{t}{2} \times e^t}{e^t-1} \\ &= \lim_{t \to 0}\left(\dfrac{t}{e^t-1} \times \dfrac{e^t}{2}\right) \\ &= 1 \times \dfrac{1}{2} = \dfrac{1}{2}\end{aligned}$$

5

$y = xe^{x+2} = e^2xe^x$에서
$$\begin{aligned}y' &= e^2(x)'e^x + e^2x(e^x)' \\ &= e^2e^x + e^2xe^x \\ &= e^2(x+1)e^x \\ &= (x+1)e^{x+2}\end{aligned}$$
이므로 곡선 $y = xe^{x+2}$ 위의 점 $(t,\ te^{t+2})$에서의 접선의 기울기 $f(t)$는
$f(t) = (t+1)e^{t+2}$
따라서 $f(t) = (t+1)e^{t+2} \geq 0$에서
$e^{t+2} > 0$이므로 $t+1 \geq 0$
즉, $t \geq -1$이므로 조건을 만족시키는 실수 t의 최솟값은 -1이다.

6

$$\lim_{h \to 0} \dfrac{f\left(\dfrac{\pi}{4}+h\right)-f\left(\dfrac{\pi}{4}\right)}{h} = f'\left(\dfrac{\pi}{4}\right)$$이고

$$f'(x) = \dfrac{1 \times \tan x - x \times \sec^2 x}{\tan^2 x}$$이므로

$$\begin{aligned}f'\left(\dfrac{\pi}{4}\right) &= \dfrac{1 \times \tan\dfrac{\pi}{4} - \dfrac{\pi}{4} \times \sec^2\dfrac{\pi}{4}}{\tan^2\dfrac{\pi}{4}} \\ &= \dfrac{1-\dfrac{\pi}{4} \times 2}{1} \\ &= 1 - \dfrac{\pi}{2}\end{aligned}$$

7

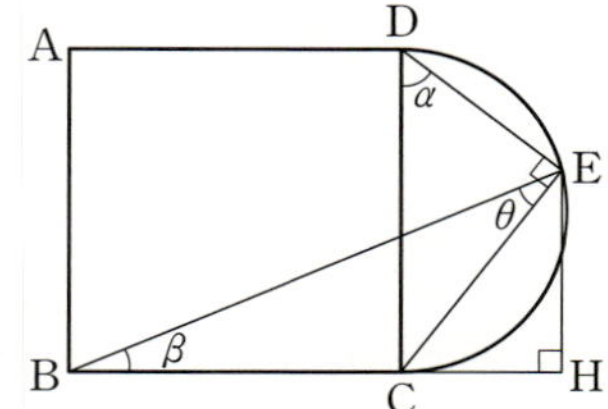

반원에 대한 원주각의 크기는 $\dfrac{\pi}{2}$이므로 $\angle CED = \dfrac{\pi}{2}$

$\angle EDC = \alpha$라 하면 직각삼각형 DCE에서 $\sin\alpha = \dfrac{4}{5}$이므로

$$\begin{aligned}\cos\alpha &= \sqrt{1-\sin^2\alpha} \\ &= \sqrt{1-\left(\dfrac{4}{5}\right)^2} = \dfrac{3}{5}\end{aligned}$$

$$\tan\alpha = \dfrac{\sin\alpha}{\cos\alpha} = \dfrac{4}{3}$$

그러므로 $\overline{CD} = 5k$, $\overline{EC} = 4k$, $\overline{DE} = 3k$ ($k>0$인 상수)로 놓을 수 있다.

한편 점 E에서 선분 BC의 연장선에 내린 수선의 발을 H라 하면
$$\begin{aligned}\angle ECH &= \dfrac{\pi}{2} - \angle ECD \\ &= \dfrac{\pi}{2} - \left(\dfrac{\pi}{2} - \angle EDC\right) \\ &= \angle EDC\end{aligned}$$
즉, $\angle ECH = \alpha$이므로 직각삼각형 ECH에서
$$\begin{aligned}\overline{CH} &= \overline{EC}\cos\alpha \\ &= 4k \times \dfrac{3}{5} = \dfrac{12}{5}k\end{aligned}$$
$$\begin{aligned}\overline{EH} &= \overline{EC}\sin\alpha \\ &= 4k \times \dfrac{4}{5} = \dfrac{16}{5}k\end{aligned}$$
$\angle EBH = \beta$라 하면 직각삼각형 EBH에서
$$\begin{aligned}\overline{BH} &= \overline{BC} + \overline{CH} \\ &= 5k + \dfrac{12}{5}k = \dfrac{37}{5}k\end{aligned}$$
이므로

$$\tan\beta = \dfrac{\overline{EH}}{\overline{BH}} = \dfrac{\dfrac{16}{5}k}{\dfrac{37}{5}k} = \dfrac{16}{37}$$

이때 $\angle BEC = \theta$라 하면 $\angle EBC + \angle BEC = \angle ECH$이므로
$\beta + \theta = \alpha$에서 $\theta = \alpha - \beta$
그러므로 삼각함수의 덧셈정리에 의하여
$$\begin{aligned}\tan\theta &= \tan(\alpha-\beta) \\ &= \dfrac{\tan\alpha - \tan\beta}{1 + \tan\alpha\tan\beta}\end{aligned}$$

$$=\frac{\dfrac{4}{3}-\dfrac{16}{37}}{1+\dfrac{4}{3}\times\dfrac{16}{37}}$$

$$=\frac{148-48}{111+64}=\frac{4}{7}$$

즉, $\tan(\angle BEC)=\dfrac{4}{7}$이므로 $p=7$, $q=4$

따라서 $p+q=7+4=11$

8

$e^x f(x)+e^x f'(x)=2x+1$에 $x=0$을 대입하면

$f(0)+f'(0)=1$

$f'(0)=-3$이므로 $f(0)=4$

$y=e^x f(x)$에 대하여 $y'=e^x f(x)+e^x f'(x)$이므로

$e^x f(x)=\displaystyle\int (2x+1)\,dx=x^2+x+C$ (단, C는 적분상수)

$x=0$을 대입하면

$f(0)=C=4$

따라서 $e^x f(x)=x^2+x+4$, $f(x)=(x^2+x+4)e^{-x}$

$f(3)=(9+3+4)e^{-3}=16e^{-3}$

$f(-3)=(9-3+4)e^3=10e^3$

따라서 $f(3)\times f(-3)=16e^{-3}\times 10e^3=160$

9

$$\lim_{n\to\infty}\frac{1}{n}\sum_{k=1}^{n}f'\!\left(1+\frac{2k}{n}\right)=\frac{1}{2}\lim_{n\to\infty}\frac{2}{n}\sum_{k=1}^{n}f'\!\left(1+\frac{2k}{n}\right)$$

$$=\frac{1}{2}\int_{1}^{3}f'(x)\,dx$$

$$=\frac{1}{2}\Big[\,f(x)\,\Big]_{1}^{3}$$

$$=\frac{1}{2}\{f(3)-f(1)\}$$

$$=\frac{1}{2}\left(\frac{a}{5}-\frac{a}{3}\right)$$

$$=-\frac{a}{15}$$

따라서 $-\dfrac{a}{15}=\dfrac{1}{3}$에서 $a=-5$

10

x축 위의 점 $(t,\,0)\ (e\le t\le e^2)$을 지나고 x축에 수직인 평면으로 자른 단면은 한 변의 길이가 $\sqrt{t}\,\ln t$인 정사각형이므로 단면의 넓이를 $S(t)$라 하면

$S(t)=(\sqrt{t}\,\ln t)^2=t(\ln t)^2$

따라서 구하는 입체도형의 부피를 V라 하면

$$V=\int_{e}^{e^2} t(\ln t)^2\,dt$$

$u(t)=(\ln t)^2$, $v'(t)=t$로 놓으면

$u'(t)=\dfrac{2\ln t}{t}$, $v(t)=\dfrac{1}{2}t^2$이므로

$$V=\int_{e}^{e^2} t(\ln t)^2\,dt$$

$$=\Big[\frac{1}{2}t^2(\ln t)^2\Big]_{e}^{e^2}-\int_{e}^{e^2} t\ln t\,dt$$

$$=\left(2e^4-\frac{e^2}{2}\right)-\Big[\frac{1}{2}t^2\ln t\Big]_{e}^{e^2}+\int_{e}^{e^2}\frac{1}{2}t\,dt$$

$$=\left(2e^4-\frac{e^2}{2}\right)-\left(e^4-\frac{e^2}{2}\right)+\Big[\frac{1}{4}t^2\Big]_{e}^{e^2}$$

$$=e^4+\left(\frac{e^4}{4}-\frac{e^2}{4}\right)$$

$$=\frac{5}{4}e^4-\frac{e^2}{4}$$

1 ②	**2** ①	**3** ②	**4** ⑤
5 ③	**6** ⑤	**7** 11	**8** ③
9 ⑤	**10** 9		

1

$$\lim_{n \to \infty} \frac{1}{\sqrt{4n^2+8n}-2n} = \lim_{n \to \infty} \frac{\sqrt{4n^2+8n}+2n}{(\sqrt{4n^2+8n}-2n)(\sqrt{4n^2+8n}+2n)}$$

$$= \lim_{n \to \infty} \frac{\sqrt{4n^2+8n}+2n}{8n}$$

$$= \lim_{n \to \infty} \frac{\sqrt{4+\dfrac{8}{n}}+2}{8}$$

$$= \frac{\sqrt{4}+2}{8} = \frac{1}{2}$$

2

급수 $\displaystyle\sum_{n=1}^{\infty} \left(\frac{k-1}{4}\right)^n$ 이 수렴하려면

$-1 < \dfrac{k-1}{4} < 1$, 즉 $-3 < k < 5$

따라서 $M=4$, $m=-2$이므로

$$\sum_{n=1}^{\infty} \left\{ \left(\frac{1}{M}\right)^n - \left(\frac{1}{m}\right)^n \right\} = \sum_{n=1}^{\infty} \left\{ \left(\frac{1}{4}\right)^n - \left(-\frac{1}{2}\right)^n \right\}$$

$$= \sum_{n=1}^{\infty} \left(\frac{1}{4}\right)^n - \sum_{n=1}^{\infty} \left(-\frac{1}{2}\right)^n$$

$$= \frac{\dfrac{1}{4}}{1-\dfrac{1}{4}} - \frac{-\dfrac{1}{2}}{1-\left(-\dfrac{1}{2}\right)}$$

$$= \frac{1}{3} - \left(-\frac{1}{3}\right) = \frac{2}{3}$$

3

$\displaystyle\sum_{n=1}^{\infty} \left(\frac{a_n}{n} - \frac{2n+3}{n+1}\right) = 1$이므로

$\displaystyle\lim_{n \to \infty} \left(\frac{a_n}{n} - \frac{2n+3}{n+1}\right) = 0$이다.

$\displaystyle\lim_{n \to \infty} \frac{2n+3}{n+1} = \lim_{n \to \infty} \frac{2+\dfrac{3}{n}}{1+\dfrac{1}{n}} = 2$이므로

$$\lim_{n \to \infty} \frac{a_n}{n} = \lim_{n \to \infty} \left\{ \left(\frac{a_n}{n} - \frac{2n+3}{n+1}\right) + \frac{2n+3}{n+1} \right\}$$
$$= 0 + 2 = 2$$

등차수열 $\{a_n\}$의 공차를 p라 하면 수열 $\{a_n\}$의 일반항은

$a_n = pn + q$ (q는 상수)

로 놓을 수 있다. 이때

$$\lim_{n \to \infty} \frac{a_n}{n} = \lim_{n \to \infty} \frac{pn+q}{n} = \lim_{n \to \infty} \left(p+\frac{q}{n}\right) = p$$

이므로 $p=2$이다.

그러므로 $\displaystyle\sum_{n=1}^{\infty} \left(\frac{a_n}{n} - \frac{2n+3}{n+1}\right) = 1$에서

$$\sum_{n=1}^{\infty} \left(\frac{2n+q}{n} - \frac{2n+3}{n+1}\right) = \sum_{n=1}^{\infty} \left\{ \left(2+\frac{q}{n}\right) - \left(2+\frac{1}{n+1}\right) \right\}$$

$$= \sum_{n=1}^{\infty} \left(\frac{q}{n} - \frac{1}{n+1}\right) = 1$$

이때 $\displaystyle\sum_{n=1}^{\infty} \left(\frac{q}{n} - \frac{1}{n+1}\right) = \sum_{n=1}^{\infty} \left(\frac{1}{n} - \frac{1}{n+1} + \frac{q-1}{n}\right)$이고

$$\sum_{n=1}^{\infty} \left(\frac{1}{n} - \frac{1}{n+1}\right)$$

$$= \lim_{n \to \infty} \left\{ \left(1-\frac{1}{2}\right) + \left(\frac{1}{2}-\frac{1}{3}\right) + \cdots + \left(\frac{1}{n}-\frac{1}{n+1}\right) \right\}$$

$$= \lim_{n \to \infty} \left(1-\frac{1}{n+1}\right) = 1$$

이므로

$$\sum_{n=1}^{\infty} \frac{q-1}{n} = \sum_{n=1}^{\infty} \left\{ \left(\frac{1}{n} - \frac{1}{n+1} + \frac{q-1}{n}\right) - \left(\frac{1}{n} - \frac{1}{n+1}\right) \right\}$$

$$= \sum_{n=1}^{\infty} \left(\frac{1}{n} - \frac{1}{n+1} + \frac{q-1}{n}\right) - \sum_{n=1}^{\infty} \left(\frac{1}{n} - \frac{1}{n+1}\right)$$

$$= 1 - 1 = 0$$

이때 $q \neq 1$이면

$$\sum_{n=1}^{\infty} \frac{1}{n} = \frac{1}{q-1} \sum_{n=1}^{\infty} \frac{q-1}{n}$$

$$= \frac{1}{q-1} \times 0 = 0$$

이 되어 모순이므로 $q=1$이다.

따라서 $a_n = 2n+1$이므로

$$\sum_{n=1}^{10} a_n = \sum_{n=1}^{10} (2n+1)$$

$$= \frac{10(3+21)}{2} = 120$$

4

$\displaystyle\lim_{x \to 2} (x-1)^{\frac{2}{x-2}}$에서

$x-2=t$로 놓으면 $x \to 2$일 때 $t \to 0$이므로

$$\lim_{x \to 2} (x-1)^{\frac{2}{x-2}} = \lim_{t \to 0} (1+t)^{\frac{2}{t}}$$

$$= \lim_{t \to 0} \left\{ (1+t)^{\frac{1}{t}} \right\}^2$$

$$= e^2$$

5

$f(x) = \dfrac{\sin x}{2-\cos x}$에서

$$f'(x) = \frac{\cos x \times (2-\cos x) - \sin x \times \sin x}{(2-\cos x)^2}$$

$$= \frac{2\cos x - (\sin^2 x + \cos^2 x)}{(2-\cos x)^2}$$

$$= \frac{2\cos x - 1}{(2-\cos x)^2}$$

$f'(x) = 0$에서 $\cos x = \dfrac{1}{2}$

$0 < x < 2\pi$이므로 $x = \dfrac{\pi}{3}$ 또는 $x = \dfrac{5}{3}\pi$

따라서 방정식 $f'(x) = 0$의 모든 실근의 합은

$$\frac{\pi}{3} + \frac{5}{3}\pi = 2\pi$$

6

$x=\ln 2t$, $y=\dfrac{1}{t}$ 에서 $\dfrac{dx}{dt}=\dfrac{2}{2t}=\dfrac{1}{t}$, $\dfrac{dy}{dt}=-\dfrac{1}{t^2}$ 이므로

시각 t에서의 점 P의 속력은

$$\sqrt{\left(\dfrac{dx}{dt}\right)^2+\left(\dfrac{dy}{dt}\right)^2}=\sqrt{\left(\dfrac{1}{t}\right)^2+\left(-\dfrac{1}{t^2}\right)^2}$$
$$=\sqrt{\dfrac{1}{t^2}+\dfrac{1}{t^4}}=\dfrac{\sqrt{t^2+1}}{t^2}$$

점 P의 속력이 $\sqrt{2}$가 되는 시각을 $t=a\ (a>0)$이라 하면

$$\dfrac{\sqrt{a^2+1}}{a^2}=\sqrt{2},\ \sqrt{a^2+1}=\sqrt{2}a^2$$

양변을 제곱하여 정리하면

$2a^4-a^2-1=0,\ (2a^2+1)(a^2-1)=0$

$a>0$이므로 $a=1$

한편, $\dfrac{d^2x}{dt^2}=-\dfrac{1}{t^2}$, $\dfrac{d^2y}{dt^2}=\dfrac{2}{t^3}$ 이므로

시각 t에서의 점 P의 가속도의 크기는

$$\sqrt{\left(\dfrac{d^2x}{dt^2}\right)^2+\left(\dfrac{d^2y}{dt^2}\right)^2}=\sqrt{\left(-\dfrac{1}{t^2}\right)^2+\left(\dfrac{2}{t^3}\right)^2}$$
$$=\sqrt{\dfrac{1}{t^4}+\dfrac{4}{t^6}}=\dfrac{\sqrt{t^2+4}}{t^3}$$

따라서 시각 $t=1$에서의 점 P의 가속도의 크기는

$$\dfrac{\sqrt{1^2+4}}{1^3}=\sqrt{5}$$

7

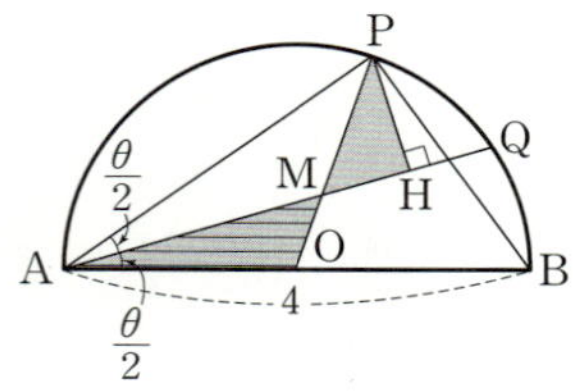

직각삼각형 ABP에서

$\overline{AP}=4\cos\theta$

선분 AQ가 $\angle PAB$의 이등분선이므로 각의 이등분선의 성질에 의하여

$\overline{AP}:\overline{AO}=\overline{PM}:\overline{OM}$

$4\cos\theta:2=\overline{PM}:(2-\overline{PM})$

$\overline{PM}=\dfrac{4\cos\theta}{1+2\cos\theta}$

또한 $\angle PMH=\angle PAM+\angle APM=\dfrac{\theta}{2}+\theta=\dfrac{3}{2}\theta$

$\overline{MH}=\overline{PM}\cos\dfrac{3}{2}\theta$

그러므로

$$S(\theta)=\dfrac{1}{2}\times\overline{PM}\times\overline{MH}\times\sin(\angle PMH)$$
$$=\dfrac{1}{2}\times\dfrac{4\cos\theta}{1+2\cos\theta}\times\left(\dfrac{4\cos\theta}{1+2\cos\theta}\times\cos\dfrac{3}{2}\theta\right)\times\sin\dfrac{3}{2}\theta$$
$$=\dfrac{8\cos^2\theta\cos\dfrac{3}{2}\theta\sin\dfrac{3}{2}\theta}{(1+2\cos\theta)^2}$$

또한 $\angle POB=2\theta$이고

$\overline{OM}=2-\overline{PM}=2-\dfrac{4\cos\theta}{1+2\cos\theta}=\dfrac{2}{1+2\cos\theta}$ 이므로

$$T(\theta)=\dfrac{1}{2}\times\overline{AO}\times\overline{OM}\times\sin(\angle AOM)$$
$$=\dfrac{1}{2}\times2\times\dfrac{2}{1+2\cos\theta}\times\sin(\pi-2\theta)$$
$$=\dfrac{2\sin 2\theta}{1+2\cos\theta}$$

따라서

$$\lim_{\theta\to 0+}\dfrac{S(\theta)+T(\theta)}{\theta}$$
$$=\lim_{\theta\to 0+}\dfrac{\dfrac{8\cos^2\theta\cos\dfrac{3}{2}\theta\sin\dfrac{3}{2}\theta}{(1+2\cos\theta)^2}+\dfrac{2\sin 2\theta}{1+2\cos\theta}}{\theta}$$
$$=\lim_{\theta\to 0+}\dfrac{8\cos^2\theta\cos\dfrac{3}{2}\theta\sin\dfrac{3}{2}\theta+2\sin 2\theta\times(1+2\cos\theta)}{\theta(1+2\cos\theta)^2}$$
$$=\lim_{\theta\to 0+}\dfrac{8\cos^2\theta\cos\dfrac{3}{2}\theta\dfrac{\sin\dfrac{3}{2}\theta}{\theta}+\dfrac{2\sin 2\theta}{\theta}(1+2\cos\theta)}{(1+2\cos\theta)^2}$$
$$=\lim_{\theta\to 0+}\dfrac{8\cos^2\theta\cos\dfrac{3}{2}\theta\dfrac{\sin\dfrac{3}{2}\theta}{\dfrac{3}{2}\theta}\times\dfrac{3}{2}+\dfrac{2\sin 2\theta}{2\theta}\times 2(1+2\cos\theta)}{(1+2\cos\theta)^2}$$
$$=\dfrac{8\times 1^2\times 1\times 1\times\dfrac{3}{2}+2\times 1\times 2\times(1+2)}{(1+2)^2}=\dfrac{8}{3}$$

즉, $p=3$, $q=8$이므로

$p+q=3+8=11$

8

$$\int_1^2\dfrac{5x^2-1}{\sqrt{x}}dx=\int_1^2\left(5x\sqrt{x}-\dfrac{1}{\sqrt{x}}\right)dx$$
$$=\int_1^2\left(5x^{\frac{3}{2}}-x^{-\frac{1}{2}}\right)dx$$
$$=\left[2x^2\sqrt{x}-2\sqrt{x}\right]_1^2$$
$$=(8\sqrt{2}-2\sqrt{2})-(2-2)$$
$$=6\sqrt{2}$$

9

$f(t)f'(t)=g(t)$로 놓고 함수 $g(t)$의 한 부정적분을 $G(t)$라 하면

$$\lim_{x\to 2}\dfrac{1}{x-2}\int_2^x f(t)f'(t)\,dt=\lim_{x\to 2}\dfrac{1}{x-2}\int_2^x g(t)\,dt$$
$$=\lim_{x\to 2}\dfrac{\left[G(t)\right]_2^x}{x-2}$$
$$=\lim_{x\to 2}\dfrac{G(x)-G(2)}{x-2}$$
$$=G'(2)=g(2)=10$$

즉, $f(2)\times f'(2)=10$이고, $f(2)=2$이므로 $f'(2)=5$

$\displaystyle\int_1^{\frac{x}{2}} f'(2t)\,dt$에서 $2t=s$로 놓으면

$t=1$일 때 $s=2$, $t=\dfrac{x}{2}$일 때 $s=x$이고, $2=\dfrac{ds}{dt}$이므로

$$\int_1^{\frac{x}{2}} f'(2t)\,dt=\frac{1}{2}\int_2^{x} f'(s)\,ds$$
$$=\frac{1}{2}\Big[f(s)\Big]_2^{x}=\frac{f(x)-f(2)}{2}$$

따라서

$$\lim_{x\to2}\frac{1}{x^2-4}\int_1^{\frac{x}{2}} f'(2t)\,dt=\lim_{x\to2}\frac{f(x)-f(2)}{2(x^2-4)}$$
$$=\lim_{x\to2}\left\{\frac{1}{2(x+2)}\times\frac{f(x)-f(2)}{x-2}\right\}$$
$$=\frac{1}{8}f'(2)=\frac{1}{8}\times5=\frac{5}{8}$$

10

$x\sin x=\dfrac{1}{2}x$에서 $x\Big(\sin x-\dfrac{1}{2}\Big)=0$

$x=0$ 또는 $\sin x=\dfrac{1}{2}$

$x=0$ 또는 $x=\dfrac{\pi}{6}$ 또는 $x=\dfrac{5\pi}{6}$

즉, $0\le x\le\pi$에서 곡선 $y=x\sin x$와 직선 $y=\dfrac{1}{2}x$가 만나는 점의 x
좌표는

$x=0$ 또는 $x=\dfrac{\pi}{6}$ 또는 $x=\dfrac{5\pi}{6}$

또 $x\sin x\ge\dfrac{1}{2}x$에서 $x\Big(\sin x-\dfrac{1}{2}\Big)\ge0$

$\sin x\ge\dfrac{1}{2}$에서 $\dfrac{\pi}{6}\le x\le\dfrac{5\pi}{6}$

두 함수 $y=f(x)$, $y=g(x)$의 그래프는 그림과 같다.

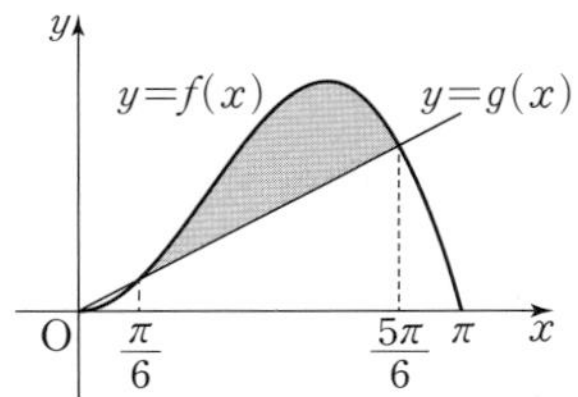

따라서 구하는 넓이를 S라 하면

$$S=\int_{\frac{\pi}{6}}^{\frac{5\pi}{6}}\Big(x\sin x-\frac{1}{2}x\Big)dx$$
$$=\int_{\frac{\pi}{6}}^{\frac{5\pi}{6}} x\sin x\,dx-\int_{\frac{\pi}{6}}^{\frac{5\pi}{6}}\frac{1}{2}x\,dx$$

이때 $\displaystyle\int_{\frac{\pi}{6}}^{\frac{5\pi}{6}} x\sin x\,dx$에서

$u(x)=x$, $v'(x)=\sin x$로 놓으면
$u'(x)=1$, $v(x)=-\cos x$이므로

$$\int_{\frac{\pi}{6}}^{\frac{5\pi}{6}} x\sin x\,dx=\Big[-x\cos x\Big]_{\frac{\pi}{6}}^{\frac{5\pi}{6}}+\int_{\frac{\pi}{6}}^{\frac{5\pi}{6}}\cos x\,dx$$
$$=\Big[-x\cos x\Big]_{\frac{\pi}{6}}^{\frac{5\pi}{6}}+\Big[\sin x\Big]_{\frac{\pi}{6}}^{\frac{5\pi}{6}}$$

$$=\left(\frac{5\sqrt{3}\pi}{12}+\frac{\sqrt{3}\pi}{12}\right)+\left(\frac{1}{2}-\frac{1}{2}\right)$$
$$=\frac{\sqrt{3}\pi}{2}$$

또 $\displaystyle\int_{\frac{\pi}{6}}^{\frac{5\pi}{6}}\frac{1}{2}x\,dx$의 값은 직선 $y=\dfrac{1}{2}x$와 x축 및 두 직선

$x=\dfrac{\pi}{6}$, $x=\dfrac{5\pi}{6}$로 둘러싸인 사다리꼴의 넓이와 같으므로

$$\int_{\frac{\pi}{6}}^{\frac{5\pi}{6}}\frac{1}{2}x\,dx=\frac{1}{2}\times\left(\frac{\pi}{12}+\frac{5\pi}{12}\right)\times\frac{2\pi}{3}=\frac{\pi^2}{6}$$

따라서 $S=\dfrac{\sqrt{3}\pi}{2}-\dfrac{\pi^2}{6}$이므로 $p=\dfrac{1}{2}$, $q=-\dfrac{1}{6}$

즉, $\dfrac{p^2}{q^2}=\dfrac{\left(\dfrac{1}{2}\right)^2}{\left(-\dfrac{1}{6}\right)^2}=9$

1 ②	**2** ③	**3** 21	**4** ⑤
5 ⑤	**6** ⑤	**7** ⑤	**8** ④
9 ④	**10** 35		

1

$$\lim_{n\to\infty}\frac{\sqrt{n^2+n}-2n}{n+1}=\lim_{n\to\infty}\frac{\sqrt{1+\dfrac{1}{n}}-2}{1+\dfrac{1}{n}}$$

$$=\frac{\lim\limits_{n\to\infty}\sqrt{1+\dfrac{1}{n}}-2}{1+\lim\limits_{n\to\infty}\dfrac{1}{n}}$$

$$=\frac{1-2}{1+0}=-1$$

2

이차방정식의 근과 계수의 관계에 의하여

$$\alpha_n\beta_n=n^2-4$$

이므로 $S_n=\sum\limits_{k=3}^{n}\dfrac{1}{\alpha_k\beta_k}\ (n\ge3)$이라 하면

$$S_n=\sum_{k=3}^{n}\frac{1}{k^2-4}$$

$$=\sum_{k=3}^{n}\frac{1}{(k-2)(k+2)}$$

$$=\frac{1}{4}\sum_{k=3}^{n}\left(\frac{1}{k-2}-\frac{1}{k+2}\right)$$

$$=\frac{1}{4}\left\{\left(\frac{1}{1}-\frac{1}{5}\right)+\left(\frac{1}{2}-\frac{1}{6}\right)+\left(\frac{1}{3}-\frac{1}{7}\right)+\left(\frac{1}{4}-\frac{1}{8}\right)+\cdots\right.$$
$$+\left(\frac{1}{n-5}-\frac{1}{n-1}\right)+\left(\frac{1}{n-4}-\frac{1}{n}\right)$$
$$\left.+\left(\frac{1}{n-3}-\frac{1}{n+1}\right)+\left(\frac{1}{n-2}-\frac{1}{n+2}\right)\right\}$$

$$=\frac{1}{4}\left(1+\frac{1}{2}+\frac{1}{3}+\frac{1}{4}-\frac{1}{n-1}-\frac{1}{n}-\frac{1}{n+1}-\frac{1}{n+2}\right)$$

$$=\frac{1}{4}\left(\frac{25}{12}-\frac{1}{n-1}-\frac{1}{n}-\frac{1}{n+1}-\frac{1}{n+2}\right)$$

따라서

$$\sum_{n=3}^{\infty}\frac{1}{\alpha_n\beta_n}=\lim_{n\to\infty}S_n$$

$$=\lim_{n\to\infty}\frac{1}{4}\left(\frac{25}{12}-\frac{1}{n-1}-\frac{1}{n}-\frac{1}{n+1}-\frac{1}{n+2}\right)$$

$$=\frac{1}{4}\times\frac{25}{12}$$

$$=\frac{25}{48}$$

3

연립방정식 $\begin{cases}x^2+y^2=\dfrac{1}{\sqrt{n}}\\[2mm]xy=\dfrac{1}{\sqrt{4n+5}}\end{cases}$ 의 해가 $x=a_n,\ y=b_n$이므로

$$a_n{}^2+b_n{}^2=\frac{1}{\sqrt{n}},\ a_nb_n=\frac{1}{\sqrt{4n+5}}$$

$$(a_n+b_n)^2=a_n{}^2+b_n{}^2+2a_nb_n$$

$$=\frac{1}{\sqrt{n}}+\frac{2}{\sqrt{4n+5}}$$

$$=\frac{\sqrt{4n+5}+2\sqrt{n}}{\sqrt{n}\times\sqrt{4n+5}}$$

$$(a_n-b_n)^2=a_n{}^2+b_n{}^2-2a_nb_n$$

$$=\frac{1}{\sqrt{n}}-\frac{2}{\sqrt{4n+5}}$$

$$=\frac{\sqrt{4n+5}-2\sqrt{n}}{\sqrt{n}\times\sqrt{4n+5}}$$

$$\lim_{n\to\infty}\left\{n\times\left(\frac{a_n-b_n}{a_n+b_n}\right)^2\right\}=\lim_{n\to\infty}\frac{n\times(a_n-b_n)^2}{(a_n+b_n)^2}$$

$$=\lim_{n\to\infty}\frac{n\times\dfrac{\sqrt{4n+5}-2\sqrt{n}}{\sqrt{n}\times\sqrt{4n+5}}}{\dfrac{\sqrt{4n+5}+2\sqrt{n}}{\sqrt{n}\times\sqrt{4n+5}}}$$

$$=\lim_{n\to\infty}\frac{n(\sqrt{4n+5}-2\sqrt{n})}{\sqrt{4n+5}+2\sqrt{n}}$$

$$=\lim_{n\to\infty}\frac{n(\sqrt{4n+5}-2\sqrt{n})(\sqrt{4n+5}+2\sqrt{n})}{(\sqrt{4n+5}+2\sqrt{n})^2}$$

$$=\lim_{n\to\infty}\frac{5n}{4n+5+4n+2\times\sqrt{4n+5}\times2\sqrt{n}}$$

$$=\lim_{n\to\infty}\frac{5n}{8n+5+4\sqrt{4n^2+5n}}$$

$$=\lim_{n\to\infty}\frac{5}{8+\dfrac{5}{n}+4\sqrt{4+\dfrac{5}{n}}}$$

$$=\frac{5}{8+4\times2}=\frac{5}{16}$$

따라서 $p=16$, $q=5$이므로

$$p+q=16+5=21$$

4

$f(\sqrt{x})=e^{x^2+x}$의 양변을 x에 대하여 미분하면

$$f'(\sqrt{x})\times\frac{1}{2\sqrt{x}}=(2x+1)e^{x^2+x}$$

$x=4$를 대입하면

$$f'(2)\times\frac{1}{4}=(2\times4+1)\times e^{4^2+4}=9e^{20}$$

따라서 $f'(2)=36e^{20}$

5

$f(x)=x\sin 2x$에서

$$f'(x)=(x)'\times\sin 2x+x\times(\sin 2x)'$$

$$=\sin 2x+x\cos 2x\times(2x)'$$

$$=\sin 2x+2x\cos 2x$$

$$f''(x)=\cos 2x\times(2x)'+(2x)'\times\cos 2x$$

$$+2x\times(-\sin 2x)\times(2x)'$$

$$=2\cos 2x+2\cos 2x-4x\sin 2x$$

$$=4\cos 2x-4x\sin 2x$$

따라서
$$f''\left(\frac{3}{4}\pi\right)=0-3\pi\times(-1)=3\pi$$

6

$1+\ln x\leq f(x)\leq e^{x-1}$ ...... ㉠

㉠에 $x=1$을 대입하면 $1\leq f(1)\leq 1$이므로

$f(1)=1$

(ⅰ) $x>1$인 경우

　　㉠에서 $\ln x\leq f(x)-1\leq e^{x-1}-1$

　　$x-1>0$이므로

　　$$\frac{\ln x}{x-1}\leq\frac{f(x)-f(1)}{x-1}\leq\frac{e^{x-1}-1}{x-1}$$

(ⅱ) $x<1$인 경우

　　㉠에서 $\ln x\leq f(x)-1\leq e^{x-1}-1$

　　$x-1<0$이므로

　　$$\frac{e^{x-1}-1}{x-1}\leq\frac{f(x)-f(1)}{x-1}\leq\frac{\ln x}{x-1}$$

$$\lim_{x\to1}\frac{\ln x}{x-1}=\lim_{t\to0}\frac{\ln(1+t)}{t}=1,\ \lim_{x\to1}\frac{e^{x-1}-1}{x-1}=\lim_{t\to0}\frac{e^t-1}{t}=1$$

이므로 $f'(1)=\lim\limits_{x\to1}\dfrac{f(x)-f(1)}{x-1}=1$

$g(x)=(2x+\ln x)f(x)$에서

$g'(x)=\left(2+\dfrac{1}{x}\right)f(x)+(2x+\ln x)f'(x)$이므로

$g'(1)=(2+1)f(1)+(2+0)f'(1)$

　　　$=3\times1+2\times1$

　　　$=5$

7

시각 $t=0$일 때의 점 P의 위치가 $(0,\ 0)$이므로

$0=k-\cos0=k-1$에서

$k=1$

점 P가 다시 원점을 지날 때는

$1-\cos t=0$이고 $2\sin t=0$

즉,

$\cos t=1$이고 $\sin t=0$

이므로

$t=2n\pi$ (n은 자연수)

그러므로 $t_1=2\pi,\ t_2=4\pi$ ...... ㉠

$x=1-\cos t,\ y=2\sin t$에서

$\dfrac{dx}{dt}=\sin t,\ \dfrac{dy}{dt}=2\cos t$

이므로 시각 $t\ (t>0)$에서의 점 P의 속도는

$(\sin t,\ 2\cos t)$

이고, 점 P의 속력은

$$\sqrt{\sin^2 t+(2\cos t)^2}=\sqrt{(\sin^2 t+\cos^2 t)+3\cos^2 t}$$
$$=\sqrt{1+3\cos^2 t}$$

한편,

$$\frac{d^2x}{dt^2}=\cos t,\ \frac{d^2y}{dt^2}=-2\sin t$$

이므로 시각 $t\ (t>0)$에서의 점 P의 가속도는

$(\cos t,\ -2\sin t)$

이고, 점 P의 가속도의 크기는

$$\sqrt{\cos^2 t+(-2\sin t)^2}=\sqrt{(\cos^2 t+\sin^2 t)+3\sin^2 t}$$
$$=\sqrt{1+3\sin^2 t}$$

이때 점 P의 속력과 가속도의 크기가 서로 같은 시각은

$$\sqrt{1+3\cos^2 t}=\sqrt{1+3\sin^2 t}$$

에서 $\cos^2 t=\sin^2 t$이므로 $\cos t\neq0$이고

$$\frac{\sin^2 t}{\cos^2 t}=\tan^2 t=1$$

그러므로 $\tan t=-1$ 또는 $\tan t=1$

㉠에 의해 $t_1<t<t_2$, 즉 $2\pi<t<4\pi$에서 점 P의 속력과 가속도의 크기가 서로 같은 시각 t는

$$2\pi+\frac{\pi}{4},\ 2\pi+\frac{3}{4}\pi,\ 3\pi+\frac{\pi}{4},\ 3\pi+\frac{3}{4}\pi$$

의 4개이다. 즉, $m=4$

따라서 $k+m=1+4=5$

8

$$\int_0^{\frac{\pi}{2}}(\sin x+\cos x)\,dx=\left[-\cos x+\sin x\right]_0^{\frac{\pi}{2}}$$
$$=1-(-1)=2$$

9

두 곡선 $y=e^x,\ y=e^{2x}-2$의 교점의 x좌표는

$e^x=e^{2x}-2,\ e^{2x}-e^x-2=0$

$(e^x+1)(e^x-2)=0$

$e^x+1>0$이므로 $e^x=2,\ x=\ln2$

이때 두 곡선 $y=e^x,\ y=e^{2x}-2$ 및 y축으로 둘러싸인 부분은 그림과 같다.

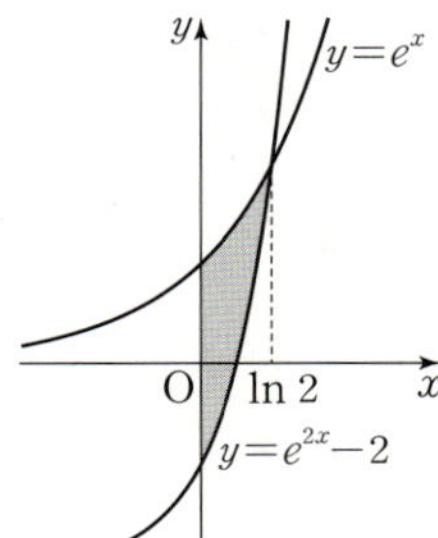

따라서 구하는 넓이는

$$\int_0^{\ln2}\{e^x-(e^{2x}-2)\}\,dx=\int_0^{\ln2}(e^x-e^{2x}+2)\,dx$$
$$=\left[e^x-\frac{1}{2}e^{2x}+2x\right]_0^{\ln2}$$
$$=\left(2-\frac{1}{2}\times4+2\ln2\right)-\left(1-\frac{1}{2}+0\right)$$
$$=2\ln2-\frac{1}{2}$$

10

조건 (나)의 $f'(x)=\dfrac{1}{4}f(x)f(-x)$에서

$f'(-x)=\dfrac{1}{4}f(-x)f(x)$이므로

$f'(x)=f'(-x)$

$f'(x)-f'(-x)=0$

양변을 x에 대하여 적분하면

$f(x)+f(-x)=C$

$\qquad$ (단, C는 적분상수이고 조건 (가)에 의하여 $C>0$)

$x=0$을 대입하면 $f(0)+f(0)=C$에서 $f(0)=\dfrac{C}{2}$

$f'(x)=\dfrac{1}{4}f(x)f(-x)$에 $x=0$을 대입하면

$f'(0)=\dfrac{1}{4}f(0)\times f(0)=\dfrac{C^2}{16}$

$f(0)+f'(0)=3$에서

$\dfrac{C}{2}+\dfrac{C^2}{16}=3$, $C^2+8C-48=0$, $(C-4)(C+12)=0$

$C>0$이므로 $C=4$

즉, $f(x)+f(-x)=4$

조건 (나)에서 $f(-x)=\dfrac{4f'(x)}{f(x)}$이고 $f(a)+f(-a)=4$이므로

$\displaystyle\int_{-a}^{a}f(-x)\,dx=\int_{-a}^{a}\dfrac{4f'(x)}{f(x)}\,dx=\left[\,4\ln|f(x)|\,\right]_{-a}^{a}$

$\qquad\qquad=4\{\ln f(a)-\ln f(-a)\}$

$\qquad\qquad=4\ln\dfrac{f(a)}{f(-a)}=4\ln\dfrac{f(a)}{4-f(a)}$

$4\ln\dfrac{f(a)}{4-f(a)}=4\ln 2$에서 $\dfrac{f(a)}{4-f(a)}=2$

$f(a)=8-2f(a)$에서

$f(a)=\dfrac{8}{3}$

$f(a)+f(-a)=4$에서

$f(-a)=4-\dfrac{8}{3}=\dfrac{4}{3}$

$f'(a)=\dfrac{1}{4}f(a)f(-a)=\dfrac{1}{4}\times\dfrac{8}{3}\times\dfrac{4}{3}=\dfrac{8}{9}$

$f'(x)=\dfrac{1}{4}f(x)f(-x)=\dfrac{1}{4}f(x)\{4-f(x)\}=f(x)-\dfrac{1}{4}\{f(x)\}^2$

$f''(x)=f'(x)-\dfrac{1}{2}f(x)f'(x)$

$f''(a)=f'(a)-\dfrac{1}{2}f(a)f'(a)$

$\qquad=\dfrac{8}{9}-\dfrac{1}{2}\times\dfrac{8}{3}\times\dfrac{8}{9}=-\dfrac{8}{27}$

따라서 $|f''(a)|=\dfrac{8}{27}$이므로

$p=27$, $q=8$

즉, $p+q=27+8=35$

참고

$f(x)=\dfrac{4e^x}{e^x+1}$

---

1 ③	**2** ④	**3** ②	**4** ④
5 ④	**6** ②	**7** 17	**8** ②
9 ③	**10** 6		

1

$\displaystyle\lim_{n\to\infty}\dfrac{\dfrac{1}{n}-\dfrac{1}{n+3}}{\dfrac{n+2}{n+1}-\dfrac{n+3}{n+2}}=\lim_{n\to\infty}\dfrac{\dfrac{1}{n}-\dfrac{1}{n+3}}{1+\dfrac{1}{n+1}-1-\dfrac{1}{n+2}}$

$\qquad=\lim_{n\to\infty}\dfrac{\dfrac{1}{n}-\dfrac{1}{n+3}}{\dfrac{1}{n+1}-\dfrac{1}{n+2}}$

$\qquad=\lim_{n\to\infty}\dfrac{\dfrac{3}{n(n+3)}}{\dfrac{1}{(n+1)(n+2)}}$

$\qquad=\lim_{n\to\infty}\dfrac{3(n+1)(n+2)}{n(n+3)}$

$\qquad=\lim_{n\to\infty}\dfrac{3\left(1+\dfrac{1}{n}\right)\left(1+\dfrac{2}{n}\right)}{1\times\left(1+\dfrac{3}{n}\right)}$

$\qquad=\dfrac{3\times 1\times 1}{1\times 1}=3$

2

급수 $\displaystyle\sum_{n=1}^{\infty}2^n(a_n-2)$가 수렴하므로 $\displaystyle\lim_{n\to\infty}2^n(a_n-2)=0$에서

$n\longrightarrow\infty$일 때 $2^n\longrightarrow\infty$이므로

$\displaystyle\lim_{n\to\infty}(a_n-2)=\lim_{n\to\infty}\left\{2^n(a_n-2)\times\dfrac{1}{2^n}\right\}$

$\qquad\qquad=\lim_{n\to\infty}2^n(a_n-2)\times\lim_{n\to\infty}\dfrac{1}{2^n}=0$

$b_n=a_n-2$라 하면 $\displaystyle\lim_{n\to\infty}b_n=0$이고 $a_n=b_n+2$이므로

$\displaystyle\lim_{n\to\infty}a_n=\lim_{n\to\infty}(b_n+2)=0+2=2$

따라서

$\displaystyle\lim_{n\to\infty}\dfrac{4^{n+2}+4^{n+1}a_n}{(4^n-1)a_n}=\lim_{n\to\infty}\dfrac{4^2+4a_n}{\left(1-\dfrac{1}{4^n}\right)a_n}$

$\qquad\qquad=\dfrac{16+4\times 2}{(1-0)\times 2}=12$

3

$p=\displaystyle\lim_{n\to\infty}\dfrac{a^n+b^{n+1}}{a^{n+1}+b^n}=\begin{cases}\dfrac{1}{a} & (a>b) \\[2mm] 1 & (a=b) \\[2mm] b & (a<b)\end{cases}$

$$q=\lim_{n\to\infty}\frac{b^n+c^{n+1}}{b^{n+1}+c^n}=\begin{cases}\dfrac{1}{b} & (b>c)\\[4pt] 1 & (b=c)\\[4pt] c & (b<c)\end{cases}$$

ㄱ. $a>b$, $b=c$이면 $p=\dfrac{1}{a}$, $q=1$이므로 $p\times q=\dfrac{1}{a}<1$ (참)

ㄴ. $p=\dfrac{1}{a}$, $q=\dfrac{1}{b}$이면 $p\times q=\dfrac{1}{ab}<c$

$\quad p=\dfrac{1}{a}$, $q=1$이면 $p\times q=\dfrac{1}{a}<c$

$\quad p=\dfrac{1}{a}$, $q=c$이면 $p\times q=\dfrac{c}{a}<c$

$\quad p=1$, $q=\dfrac{1}{b}$이면 $p\times q=\dfrac{1}{b}<c$

$\quad p=1$, $q=1$이면 $p\times q=1<c$

$\quad p=1$, $q=c$이면 $p\times q=c$

$\quad p=b$, $q=\dfrac{1}{b}$이면 $p\times q=1<c$

$\quad p=b$, $q=1$이면 $p\times q=b=c$

$\quad p=b$, $q=c$이면 $p\times q=bc>c$

이므로 $p\times q>c$인 경우는 $p=b$, $q=c$인 경우뿐이고, 이때 $a<b<c$이다. (참)

ㄷ. $p\times q=1$인 경우는

(i) $a>b$, $b<c$인 경우

$\qquad p\times q=\dfrac{1}{a}\times c=\dfrac{c}{a}$이고 $a=c$이면 $p\times q=1$

$\qquad$ 즉, $a>b$, $a=c$

(ii) $a=b=c$인 경우 $p\times q=1\times 1=1$

(iii) $a<b$, $b>c$인 경우 $p\times q=b\times\dfrac{1}{b}=1$

이때 (iii)에서 $a\neq c$인 경우 $a\neq b$, $b\neq c$, $c\neq a$이므로 $(a-b)(b-c)(c-a)\neq 0$ (거짓)

이상에서 옳은 것은 ㄱ, ㄴ이다.

> **참고**
>
> $a=2$, $b=5$, $c=3$이면
>
> $p=5$, $q=\dfrac{1}{5}$, $p\times q=5\times\dfrac{1}{5}=1$이지만
>
> $(a-b)(b-c)(c-a)=(2-5)\times(5-3)\times(3-2)\neq 0$

4

$$\lim_{x\to 0}\frac{e^{4x}-1}{x^2+2x}=\lim_{x\to 0}\left(\frac{e^{4x}-1}{4x}\times\frac{4}{x+2}\right)\quad\cdots\cdots\ \ominus$$

이때 $\dfrac{e^{4x}-1}{4x}$에서 $4x=t$로 놓으면 $x\to 0$일 때 $t\to 0$이므로

$$\lim_{x\to 0}\frac{e^{4x}-1}{4x}=\lim_{t\to 0}\frac{e^t-1}{t}=1$$

또 $\displaystyle\lim_{x\to 0}\frac{4}{x+2}=\frac{\displaystyle\lim_{x\to 0}4}{\displaystyle\lim_{x\to 0}x+\lim_{x\to 0}2}=2$

따라서 $\ominus$은

$$\lim_{x\to 0}\left(\frac{e^{4x}-1}{4x}\times\frac{4}{x+2}\right)=\lim_{x\to 0}\frac{e^{4x}-1}{4x}\times\lim_{x\to 0}\frac{4}{x+2}$$
$$=1\times 2=2$$

5

$ke^{x-2}\geq x$에서 $k\geq xe^{2-x}$

$f(x)=xe^{2-x}$이라 하면

$f'(x)=e^{2-x}+x\times e^{2-x}\times(-1)$

$\qquad =(1-x)e^{2-x}$

$f'(x)=0$에서 $x=1$

실수 전체의 집합에서 함수 $f(x)$의 증가와 감소를 표로 나타내면 다음과 같다.

x	$\cdots$	1	$\cdots$
$f'(x)$	$+$	0	$-$
$f(x)$	$\nearrow$	e	$\searrow$

함수 $f(x)$는 $x=1$에서 극대이면서 최대이고 최댓값은

$f(1)=e$

이므로 모든 실수 x에 대하여 부등식 $ke^{x-2}\geq x$, 즉 $k\geq xe^{2-x}$이 성립하려면 k는 $f(x)$의 최댓값보다 크거나 같아야 한다. 즉,

$k\geq f(1)=e$

따라서 실수 k의 최솟값은 e이다.

6

두 점 $(\alpha,\ k)$, $(\beta,\ k)$가 곡선 $x^2+xy+2y^2=7$ 위에 있으므로

$\alpha^2+k\alpha+2k^2-7=0$, $\beta^2+k\beta+2k^2-7=0$

즉, α, β는 x에 대한 이차방정식 $x^2+kx+2k^2-7=0$의 두 실근이므로 이차방정식의 근과 계수의 관계에 의하여

$\alpha+\beta=-k$, $\alpha\beta=2k^2-7$ $\quad\cdots\cdots\ \ominus$

$x^2+xy+2y^2=7$에서 y를 x의 함수로 보고 양변을 x에 대하여 미분하면

$$2x+\left(y+x\frac{dy}{dx}\right)+4y\frac{dy}{dx}=0$$

이므로

$$\frac{dy}{dx}=-\frac{2x+y}{x+4y}\ (단,\ x+4y\neq 0)$$

$\alpha+4k\neq 0$, $\beta+4k\neq 0$이므로 곡선 $x^2+xy+2y^2=7$ 위의 두 점 $(\alpha,\ k)$, $(\beta,\ k)$에서의 접선의 기울기는 각각

$$-\frac{2\alpha+k}{\alpha+4k},\quad -\frac{2\beta+k}{\beta+4k}$$

이고, 두 접선이 서로 수직이므로

$$\left(-\frac{2\alpha+k}{\alpha+4k}\right)\times\left(-\frac{2\beta+k}{\beta+4k}\right)=-1$$

$(2\alpha+k)(2\beta+k)=-(\alpha+4k)(\beta+4k)$

$5\alpha\beta+6(\alpha+\beta)k+17k^2=0$

위의 식에 $\ominus$을 대입하면

$5\times(2k^2-7)+6\times(-k)\times k+17k^2=0$

$21k^2=35$, $k^2=\dfrac{5}{3}$

따라서 $\ominus$에서

$$\alpha\beta=2\times\frac{5}{3}-7=-\frac{11}{3}$$

> **참고**
>
> 이차방정식 $x^2+kx+2k^2-7=0$의 판별식을 D라 하면

$D=k^2-4(2k^2-7)=-7k^2+28=-7(k^2-4)$

따라서 $0\leq k<2$이면 $D>0$이므로 $k^2=\dfrac{5}{3}$일 때 이차방정식 $x^2+kx+2k^2-7=0$은 서로 다른 두 실근을 갖는다.

7

직각삼각형 ABC에서

$\cos\theta=\dfrac{\overline{BC}}{\overline{AB}}=\dfrac{\overline{BC}}{4}$이므로

$\overline{BC}=4\cos\theta$이고

$\sin\theta=\dfrac{\overline{AC}}{\overline{AB}}=\dfrac{\overline{AC}}{4}$이므로

$\overline{AC}=4\sin\theta$

점 D가 선분 AC를 $3:1$로 내분하는 점이므로

$\begin{aligned}\overline{AD}&=\dfrac{3}{4}\overline{AC}\\&=\dfrac{3}{4}\times4\sin\theta\\&=3\sin\theta\end{aligned}$

이고

$\begin{aligned}\overline{DC}&=\dfrac{1}{4}\overline{AC}\\&=\dfrac{1}{4}\times4\sin\theta\\&=\sin\theta\end{aligned}$

$\angle DAH=\alpha$라 하면

$\angle ADH=\angle BDC$이므로

$\angle DBC=\alpha$

직각삼각형 BCD에서

$\begin{aligned}\overline{BD}&=\sqrt{(4\cos\theta)^2+\sin^2\theta}\\&=\sqrt{16\cos^2\theta+\sin^2\theta}\\&=\sqrt{1+15\cos^2\theta}\end{aligned}$

이므로

$\cos\alpha=\dfrac{4\cos\theta}{\sqrt{1+15\cos^2\theta}}$,

$\sin\alpha=\dfrac{\sin\theta}{\sqrt{1+15\cos^2\theta}}$

삼각형 ADH에서

$\begin{aligned}\overline{AH}&=\overline{AD}\cos\alpha\\&=3\sin\theta\cos\alpha\\&=3\sin\theta\times\dfrac{4\cos\theta}{\sqrt{1+15\cos^2\theta}}\\&=\dfrac{12\sin\theta\cos\theta}{\sqrt{1+15\cos^2\theta}}\end{aligned}$

삼각형 ADH의 넓이는

$\begin{aligned}S(\theta)&=\dfrac{1}{2}\times\overline{AD}\times\overline{AH}\times\sin\alpha\\&=\dfrac{1}{2}\times3\sin\theta\times\dfrac{12\sin\theta\cos\theta}{\sqrt{1+15\cos^2\theta}}\times\dfrac{\sin\theta}{\sqrt{1+15\cos^2\theta}}\\&=\dfrac{18\sin^3\theta\cos\theta}{1+15\cos^2\theta}\end{aligned}$

이므로

$\begin{aligned}\lim_{\theta\to0+}\dfrac{S(\theta)}{\theta^3}&=\lim_{\theta\to0+}\dfrac{\dfrac{18\sin^3\theta\cos\theta}{1+15\cos^2\theta}}{\theta^3}\\&=\lim_{\theta\to0+}\dfrac{18\sin^3\theta\cos\theta}{\theta^3(1+15\cos^2\theta)}\\&=18\lim_{\theta\to0+}\left(\dfrac{\sin^3\theta}{\theta^3}\times\dfrac{\cos\theta}{1+15\cos^2\theta}\right)\\&=18\lim_{\theta\to0+}\dfrac{\sin^3\theta}{\theta^3}\times\lim_{\theta\to0+}\dfrac{\cos\theta}{1+15\cos^2\theta}\\&=18\lim_{\theta\to0+}\left(\dfrac{\sin\theta}{\theta}\right)^3\times\lim_{\theta\to0+}\dfrac{\cos\theta}{1+15\cos^2\theta}\\&=18\times1^3\times\dfrac{1}{1+15\times1^2}\\&=\dfrac{18}{16}\\&=\dfrac{9}{8}\end{aligned}$

따라서 $p+q=8+9=17$

참고

삼각형 ADH의 넓이 $S(\theta)$는 다음과 같이 구할 수도 있다.

삼각형 ADH와 삼각형 BDC에서

$\angle ADH=\angle BDC,\ \angle H=\angle C=\dfrac{\pi}{2}$

이므로 삼각형 ADH와 삼각형 BDC는 서로 닮음이고 닮음비는

$\overline{AD}:\overline{BD}=3\sin\theta:\sqrt{1+15\cos^2\theta}$

이다.

삼각형 BDC의 넓이를 $T(\theta)$라 하면

$S(\theta):T(\theta)=9\sin^2\theta:(1+15\cos^2\theta)$

이므로

$S(\theta)=\dfrac{9\sin^2\theta\times T(\theta)}{1+15\cos^2\theta}$

이때

$\begin{aligned}T(\theta)&=\dfrac{1}{2}\times\overline{BC}\times\overline{DC}\\&=\dfrac{1}{2}\times4\cos\theta\times\sin\theta\\&=2\sin\theta\cos\theta\end{aligned}$

따라서

$\begin{aligned}S(\theta)&=\dfrac{9\sin^2\theta\times2\sin\theta\cos\theta}{1+15\cos^2\theta}\\&=\dfrac{18\sin^3\theta\cos\theta}{1+15\cos^2\theta}\end{aligned}$

8

$\displaystyle\int_1^{e^2}\dfrac{(\ln x+1)^3}{2x}dx$에서

$\ln x+1=t$로 놓으면 $\dfrac{dt}{dx}=\dfrac{1}{x}$이고,

$x=1$일 때 $t=1$, $x=e^2$일 때 $t=3$이므로

$\begin{aligned}\displaystyle\int_1^{e^2}\dfrac{(\ln x+1)^3}{2x}dx&=\int_1^3\dfrac{1}{2}t^3dt\\&=\left[\dfrac{1}{8}t^4\right]_1^3\end{aligned}$

$$=\frac{1}{8}(81-1)$$
$$=10$$

9

$\dfrac{dx}{dt}=t+1-\dfrac{1}{t+1}$, $\dfrac{dy}{dt}=2$이므로

$$\sqrt{\left(\frac{dx}{dt}\right)^2+\left(\frac{dy}{dt}\right)^2}=\sqrt{\left(t+1-\frac{1}{t+1}\right)^2+2^2}$$
$$=\sqrt{\left\{(t+1)^2-2+\frac{1}{(t+1)^2}\right\}+4}$$
$$=\sqrt{(t+1)^2+2+\frac{1}{(t+1)^2}}$$
$$=\sqrt{\left(t+1+\frac{1}{t+1}\right)^2}$$
$$=t+1+\frac{1}{t+1}$$

따라서 $t=1$에서 $t=3$까지 점 P가 움직인 거리는

$$\int_1^3\sqrt{\left(\frac{dx}{dt}\right)^2+\left(\frac{dy}{dt}\right)^2}\,dt=\int_1^3\left(t+1+\frac{1}{t+1}\right)dt$$
$$=\left[\frac{1}{2}t^2+t+\ln|t+1|\right]_1^3$$
$$=\left(\frac{15}{2}+\ln 4\right)-\left(\frac{3}{2}+\ln 2\right)$$
$$=6+\ln 2$$

10

함수 $y=f(x)$의 그래프가 좌표평면의 두 점 $(1,\ 1)$, $(3,\ 2)$를 지나고, $f'(x)>0$이므로 함수 $y=f(x)$의 그래프의 개형은 그림과 같다.

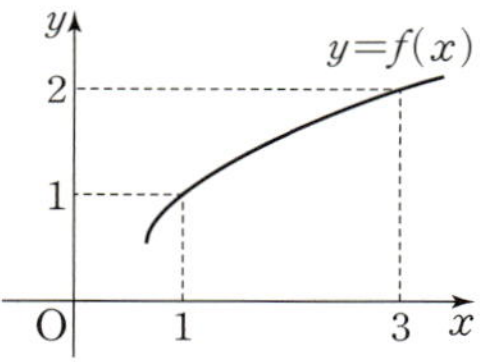

(i) $\displaystyle\int_1^9 f'(\sqrt{x})\,dx$에서 $\sqrt{x}=t$로 놓으면

$x=1$일 때 $t=1$, $x=9$일 때 $t=3$이고,

$\dfrac{1}{2\sqrt{x}}=\dfrac{dt}{dx}$, $\dfrac{1}{2t}=\dfrac{dt}{dx}$이므로

$$\int_1^9 f'(\sqrt{x})\,dx=\int_1^3 2tf'(t)\,dt$$

이때 $\displaystyle\int_1^3 2tf'(t)\,dt$에서

$u(t)=2t$, $v'(t)=f'(t)$로 놓으면

$u'(t)=2$, $v(t)=f(t)$이므로

$$\int_1^3 2tf'(t)\,dt=\left[2tf(t)\right]_1^3-2\int_1^3 f(t)\,dt$$
$$=6f(3)-2f(1)-2\int_1^3 f(t)\,dt$$

조건 (가)에서 $f(1)=1$, $f(3)=2$이고,

조건 (나)에서 $\displaystyle\int_1^3 f(x)\,dx=\dfrac{7}{2}$이므로

$$\int_1^3 2tf'(t)\,dt=6\times 2-2\times 1-2\times\frac{7}{2}=3$$

즉, $\displaystyle\int_1^9 f'(\sqrt{x})\,dx=3$

(ii) $\displaystyle\int_1^4 \frac{g(\sqrt{x})}{\sqrt{x}}\,dx$에서 $\sqrt{x}=s$로 놓으면

$x=1$일 때 $s=1$, $x=4$일 때 $s=2$이고,

$\dfrac{1}{2\sqrt{x}}=\dfrac{ds}{dx}$이므로

$$\int_1^4 \frac{g(\sqrt{x})}{\sqrt{x}}\,dx=\int_1^2 2g(s)\,ds$$

이때 $\displaystyle\int_1^2 g(s)\,ds$는 함수 $y=f(x)$의 그래프와 y축 및 두 직선

$y=1$, $y=2$로 둘러싸인 부분의 넓이이므로

$$\int_1^2 g(s)\,ds=3\times 2-1\times 1-\frac{7}{2}=\frac{3}{2}$$

즉, $\displaystyle\int_1^4 \frac{g(\sqrt{x})}{\sqrt{x}}\,dx=2\times\frac{3}{2}=3$

(i), (ii)에서

$$\int_1^9 f'(\sqrt{x})\,dx+\int_1^4 \frac{g(\sqrt{x})}{\sqrt{x}}\,dx=3+3=6$$

1 ③	**2** ③	**3** ⑤	**4** ⑤
5 72	**6** ③	**7** 4	**8** ②
9 12	**10** ③		

1

$$\lim_{n \to \infty}(\sqrt{4n^2+6n}-2n)=\lim_{n \to \infty}\frac{(4n^2+6n)-4n^2}{\sqrt{4n^2+6n}+2n}$$

$$=\lim_{n \to \infty}\frac{6n}{\sqrt{4n^2+6n}+2n}$$

$$=\lim_{n \to \infty}\frac{6}{\sqrt{4+\dfrac{6}{n}}+2}$$

$$=\frac{6}{\sqrt{4+0}+2}$$

$$=\frac{3}{2}$$

2

두 등비수열 $\{a_n\}$, $\{b_n\}$의 공비를 각각 r_1, r_2라 하면

두 등비급수 $\sum\limits_{n=1}^{\infty}a_n$, $\sum\limits_{n=1}^{\infty}b_n$이 모두 수렴하므로 $|r_1|<1$, $|r_2|<1$이다.

이때

$$\sum_{n=1}^{\infty}(a_n+b_n)=\sum_{n=1}^{\infty}a_n+\sum_{n=1}^{\infty}b_n$$

$$=\frac{1}{1-r_1}+\frac{1}{1-r_2}$$

$$=\frac{2-(r_1+r_2)}{1-(r_1+r_2)+r_1r_2}$$

이므로 $\dfrac{2-(r_1+r_2)}{1-(r_1+r_2)+r_1r_2}=\dfrac{10}{3}$ ...... ㉠

또 $\sum\limits_{n=1}^{\infty}a_nb_n=\dfrac{1}{1-r_1r_2}$이므로

$$\frac{1}{1-r_1r_2}=\frac{8}{7}$$

즉, $r_1r_2=\dfrac{1}{8}$ ...... ㉡

㉡을 ㉠에 대입하면

$$\frac{2-(r_1+r_2)}{\dfrac{9}{8}-(r_1+r_2)}=\frac{10}{3}$$

에서 $r_1+r_2=\dfrac{3}{4}$

따라서

$$a_2+b_2=1\times r_1+1\times r_2$$

$$=r_1+r_2$$

$$=\frac{3}{4}$$

3

그림 R_1에서 선분 A_1B_1의 중점을 M, 선분 A_1B_2를 지름으로 하는 원의 중심을 O, 선분 A_2B_1을 지름으로 하는 원의 중심을 O′이라 하자.

두 원이 만나는 점 중 한 점을 C라 하면 점 O가 중심인 원의 반지름의 길이가 2이므로

$$\overline{OC}=2$$

또 $\overline{A_1M}=\dfrac{5}{2}$이고, $\overline{A_1A_2}=\overline{A_2O}=1$이므로

$$\overline{OM}=\frac{5}{2}-1-1=\frac{1}{2}$$

삼각형 COM에서

$$\cos(\angle COM)=\frac{\overline{OM}}{\overline{OC}}=\frac{\dfrac{1}{2}}{2}=\frac{1}{4}$$

$\cos\alpha=\dfrac{1}{4}$이고, 이등변삼각형 COO′에서 $\angle COM=\angle CO'M$이므로

$$\angle COM=\angle CO'M=\alpha$$

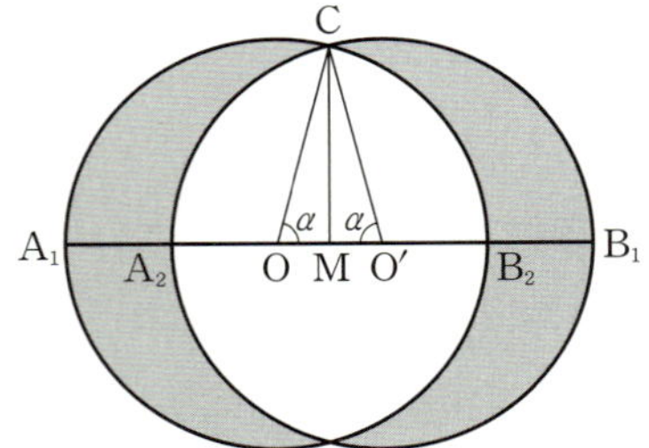

부채꼴 CO′A_2의 넓이는 $\dfrac{1}{2}\times 2^2\times\alpha=2\alpha$

$\overline{CM}=\sqrt{\overline{OC}^2-\overline{OM}^2}=\sqrt{2^2-\left(\dfrac{1}{2}\right)^2}=\dfrac{\sqrt{15}}{2}$이므로

삼각형 COO′의 넓이는

$$\frac{1}{2}\times\overline{OO'}\times\overline{CM}=\frac{1}{2}\times 1\times\frac{\sqrt{15}}{2}=\frac{\sqrt{15}}{4}$$

이때 두 선분 CO, OA_2와 호 CA_2로 둘러싸인 부분의 넓이가

$2\alpha-\dfrac{\sqrt{15}}{4}$이므로 선분 A_1A_2와 두 호 CA_1, CA_2로 둘러싸인 부분의 넓이는

$$\frac{1}{2}\times 2^2\times(\pi-\alpha)-\left(2\alpha-\frac{\sqrt{15}}{4}\right)=2\pi-4\alpha+\frac{\sqrt{15}}{4}$$

그러므로

$$S_1=4\times\left(2\pi-4\alpha+\frac{\sqrt{15}}{4}\right)$$

$$=8\pi-16\alpha+\sqrt{15}$$

한편, $\overline{A_1B_1}=5$, $\overline{A_2B_2}=3$이므로 그림 R_1에 그려진 도형과 그림 R_2에 새로 그려진 도형은 서로 닮음이고 닮음비는 $1:\dfrac{3}{5}$이다.

따라서 $\lim\limits_{n \to \infty}S_n$은 첫째항이 $8\pi-16\alpha+\sqrt{15}$이고 공비가 $\left(\dfrac{3}{5}\right)^2=\dfrac{9}{25}$인 등비급수의 합이므로

$$\lim_{n \to \infty}S_n=\frac{8\pi-16\alpha+\sqrt{15}}{1-\dfrac{9}{25}}$$

$$=\frac{25}{16}\times(8\pi-16\alpha+\sqrt{15})$$

$$=\frac{200\pi+25\sqrt{15}}{16}-25\alpha$$

그러므로 $\lim\limits_{n \to \infty}S_n+25\alpha=\dfrac{200\pi+25\sqrt{15}}{16}$

4

$f(x)=\log_3 9x \times \log_9 3x$

$\qquad =(\log_3 9+\log_3 x)(\log_9 3+\log_9 x)$

$\qquad =(2+\log_3 x)\left(\dfrac{1}{2}+\log_9 x\right)$

이므로

$f'(x)=(2+\log_3 x)'\times\left(\dfrac{1}{2}+\log_9 x\right)$

$\qquad\qquad\qquad +(2+\log_3 x)\times\left(\dfrac{1}{2}+\log_9 x\right)'$

$\qquad =\dfrac{1}{x\ln 3}\times\left(\dfrac{1}{2}+\log_9 x\right)+(2+\log_3 x)\times\dfrac{1}{x\ln 9}$

따라서

$f'(3)=\dfrac{1}{3\ln 3}\times\left(\dfrac{1}{2}+\log_9 3\right)+(2+\log_3 3)\times\dfrac{1}{3\ln 9}$

$\qquad =\dfrac{1}{3\ln 3}\times\left(\dfrac{1}{2}+\dfrac{1}{2}\right)+(2+1)\times\dfrac{1}{3\times 2\ln 3}$

$\qquad =\dfrac{1}{3\ln 3}+\dfrac{1}{2\ln 3}$

$\qquad =\dfrac{5}{6\ln 3}$

5

$x^2-2x+a=0$에 $x=-1$을 대입하면

$(-1)^2-2\times(-1)+a=0$

따라서 $a=-3$

$x^2-2x-3=0$에서

$(x+1)(x-3)=0$

$x=-1$ 또는 $x=3$

따라서 $\csc\theta=3$

$1+\cot^2\theta=\csc^2\theta=3^2=9$, $\cot^2\theta=8$이므로

$a^2\cot^2\theta=9\times 8=72$

6

$x=2t-\sin 2t$에서

$\dfrac{dx}{dt}=2-2\cos 2t$

$\qquad =2(1-\cos 2t)$

$y=\sin^3 2t$에서

$\dfrac{dy}{dt}=3(\sin^2 2t)(\sin 2t)'$

$\qquad =3(\sin^2 2t)(\cos 2t)(2t)'$

$\qquad =3(\sin^2 2t)(\cos 2t)\times 2$

$\qquad =6\sin^2 2t\cos 2t$

이므로

$\dfrac{dy}{dx}=\dfrac{\dfrac{dy}{dt}}{\dfrac{dx}{dt}}$

$\qquad =\dfrac{3\sin^2 2t\cos 2t}{1-\cos 2t}$ (단, $1-\cos 2t\neq 0$)

따라서

$\lim\limits_{t\to 0}\dfrac{dy}{dx}=\lim\limits_{t\to 0}\dfrac{3\sin^2 2t\cos 2t}{1-\cos 2t}$

$\qquad =\lim\limits_{t\to 0}\dfrac{3\sin^2 2t\cos 2t(1+\cos 2t)}{(1-\cos 2t)(1+\cos 2t)}$

$\qquad =\lim\limits_{t\to 0}\dfrac{3\sin^2 2t\cos 2t(1+\cos 2t)}{1-\cos^2 2t}$

$\qquad =\lim\limits_{t\to 0}\dfrac{3\sin^2 2t\cos 2t(1+\cos 2t)}{\sin^2 2t}$

$\qquad =\lim\limits_{t\to 0}3\cos 2t(1+\cos 2t)$

$\qquad =3\times\cos 0\times(1+\cos 0)$

$\qquad =3\times 1\times(1+1)$

$\qquad =6$

7

$f(x)=\dfrac{a}{x^2+1}$라 하면

$f'(x)=\dfrac{-a\times 2x}{(x^2+1)^2}$

$\qquad =-\dfrac{2ax}{(x^2+1)^2}$

$f'(x)=0$에서 $x=0$이고, $x=0$의 좌우에서 $f'(x)$의 부호가 양에서 음으로 바뀌므로 함수 $f(x)$는 $x=0$에서 극대이면서 최대이고, 극댓값은 $f(0)=a$이다.

모든 실수 x에 대하여 $f(-x)=f(x)$이므로 곡선 $y=f(x)$는 y축에 대하여 대칭이고,

$\lim\limits_{x\to\infty}f(x)=\lim\limits_{x\to-\infty}f(x)=0$이므로 함수 $y=f(x)$의 그래프는 그림과 같다.

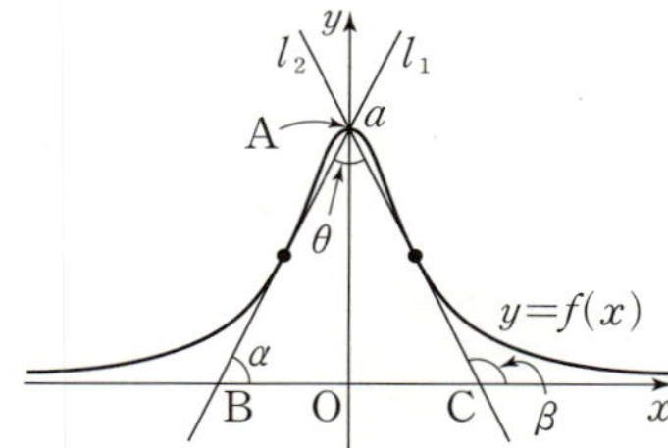

점 $\mathrm{A}(0,\ a)$에서 곡선 $y=f(x)$에 그은 접선 중 기울기가 양수인 직선을 l_1, 기울기가 음수인 직선을 l_2라 하고, 두 직선 l_1, l_2가 x축의 양의 방향과 이루는 각의 크기를 각각 α, β라 하면 $\beta-\alpha=\theta$

곡선 $y=f(x)$ 위의 점 $(t,\ f(t))$ $(t\neq 0)$에서의 접선의 방정식은

$y-\dfrac{a}{t^2+1}=-\dfrac{2at}{(t^2+1)^2}(x-t)$ $\qquad$ …… ㉠

직선 ㉠이 점 $\mathrm{A}(0,\ a)$를 지나므로

$a-\dfrac{a}{t^2+1}=-\dfrac{2at}{(t^2+1)^2}\times(-t)$

$\dfrac{at^2}{t^2+1}=\dfrac{2at^2}{(t^2+1)^2}$

$a>0$, $t\neq 0$이므로

$1=\dfrac{2}{t^2+1}$, $t^2=1$

$t=-1$ 또는 $t=1$

그러므로 직선 l_1의 기울기는 $f'(-1)=\dfrac{a}{2}$

직선 l_2의 기울기는 $f'(1)=-\dfrac{a}{2}$

즉, $\tan\alpha=\dfrac{a}{2}$, $\tan\beta=-\dfrac{a}{2}$

$\theta=\beta-\alpha$이므로 삼각함수의 덧셈정리에 의하여

$$\tan\theta=\tan(\beta-\alpha)$$
$$=\frac{\tan\beta-\tan\alpha}{1+\tan\beta\tan\alpha}$$
$$=\frac{-\dfrac{a}{2}-\dfrac{a}{2}}{1+\left(-\dfrac{a}{2}\right)\times\dfrac{a}{2}}$$
$$=-\frac{4a}{4-a^2}$$

$\tan\theta=\dfrac{4}{3}$에서 $-\dfrac{4a}{4-a^2}=\dfrac{4}{3}$

$a^2-3a-4=0$

$(a-4)(a+1)=0$

$a>0$이므로 $a=4$

따라서 조건을 만족시키는 상수 a의 값은 4이다.

8

$$\lim_{h\to0}\frac{1}{h}\int_{1-h}^{1+h}f'(x)dx$$
$$=\lim_{h\to0}\frac{1}{h}\Big[f(x)\Big]_{1-h}^{1+h}$$
$$=\lim_{h\to0}\frac{f(1+h)-f(1-h)}{h}$$
$$=\lim_{h\to0}\frac{f(1+h)-f(1)}{h}+\lim_{h\to0}\frac{f(1-h)-f(1)}{-h}$$
$$=2f'(1)$$

$f(x)=(x+1)e^{-x}$에서

$$f'(x)=e^{-x}-(x+1)e^{-x}$$
$$=-xe^{-x}$$

따라서 $2f'(1)=2\times(-e^{-1})=-\dfrac{2}{e}$

9

$$\int_0^{\frac{\pi}{3}}\frac{1}{\cos^4 x}dx=\int_0^{\frac{\pi}{3}}\sec^4 x\,dx$$
$$=\int_0^{\frac{\pi}{3}}(\sec^2 x\times\sec^2 x)\,dx$$
$$=\int_0^{\frac{\pi}{3}}(1+\tan^2 x)\sec^2 x\,dx$$

이때 $\tan x=t$로 놓으면

$x=0$일 때 $t=0$, $x=\dfrac{\pi}{3}$일 때 $t=\sqrt{3}$이고,

$\sec^2 x=\dfrac{dt}{dx}$이므로

$$\int_0^{\frac{\pi}{3}}\frac{1}{\cos^4 x}dx=\int_0^{\sqrt{3}}(1+t^2)\,dt$$
$$=\Big[t+\frac{1}{3}t^3\Big]_0^{\sqrt{3}}$$
$$=2\sqrt{3}$$

따라서 $k=2\sqrt{3}$이므로 $k^2=12$

10

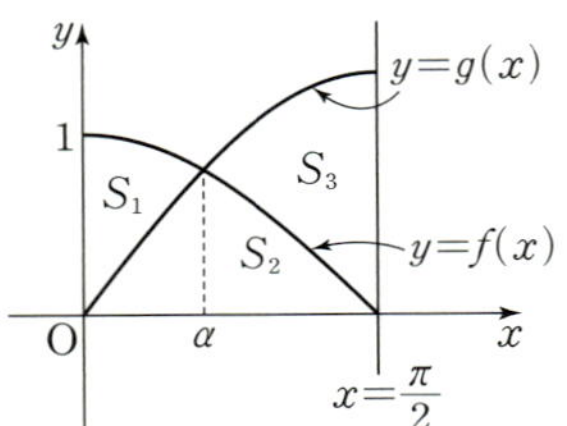

$$S_1+S_2=\int_0^{\frac{\pi}{2}}\cos x\,dx=\Big[\sin x\Big]_0^{\frac{\pi}{2}}=1$$

이때 $S_2=2S_1$이므로

$S_1=\dfrac{1}{3}$, $S_2=\dfrac{2}{3}$

두 곡선 $y=f(x)$, $y=g(x)$가 만나는 점의 x좌표를 $\alpha\left(0<\alpha<\dfrac{\pi}{2}\right)$라

하면

$$\cos\alpha=k\sin\alpha \qquad\cdots\cdots\text{㉠}$$

$\cos^2\alpha+\sin^2\alpha=1$에 ㉠을 대입하면

$$(k\sin\alpha)^2+\sin^2\alpha=1,\ \sin^2\alpha=\frac{1}{k^2+1}$$

$0<\alpha<\dfrac{\pi}{2}$이므로

$$\sin\alpha=\frac{1}{\sqrt{k^2+1}},\ \cos\alpha=\frac{k}{\sqrt{k^2+1}} \qquad\cdots\cdots\text{㉡}$$

한편, 닫힌구간 $[0,\ \alpha]$에서 $f(x)\geq g(x)$이므로

$$S_1=\int_0^{\alpha}|f(x)-g(x)|\,dx$$
$$=\int_0^{\alpha}\{f(x)-g(x)\}\,dx$$
$$=\int_0^{\alpha}(\cos x-k\sin x)\,dx$$
$$=\Big[\sin x+k\cos x\Big]_0^{\alpha}$$
$$=\sin\alpha+k\cos\alpha-k$$
$$=\frac{1}{\sqrt{k^2+1}}+\frac{k^2}{\sqrt{k^2+1}}-k$$
$$=\frac{k^2+1}{\sqrt{k^2+1}}-k$$
$$=\sqrt{k^2+1}-k$$

즉, $\sqrt{k^2+1}-k=\dfrac{1}{3}$에서 $\sqrt{k^2+1}=k+\dfrac{1}{3}$

양변을 제곱하면

$$k^2+1=k^2+\frac{2}{3}k+\frac{1}{9}$$

$\dfrac{2}{3}k=\dfrac{8}{9}$, $k=\dfrac{4}{3}$

$k=\dfrac{4}{3}$를 ㉡에 대입하면

$\sin\alpha=\dfrac{3}{5}$, $\cos\alpha=\dfrac{4}{5}$

닫힌구간 $\left[\alpha,\ \dfrac{\pi}{2}\right]$에서 $f(x)\leq g(x)$이므로

$$S_3=\int_{\alpha}^{\frac{\pi}{2}}|f(x)-g(x)|\,dx$$
$$=\int_{\alpha}^{\frac{\pi}{2}}\{g(x)-f(x)\}\,dx$$

$$= \int_{\alpha}^{\frac{\pi}{2}} \left(\frac{4}{3} \sin x - \cos x \right) dx$$

$$= \left[-\frac{4}{3} \cos x - \sin x \right]_{\alpha}^{\frac{\pi}{2}}$$

$$= (-1) - \left(-\frac{4}{3} \cos \alpha - \sin \alpha \right)$$

$$= -1 + \frac{4}{3} \times \frac{4}{5} + \frac{3}{5}$$

$$= \frac{2}{3}$$

다른 풀이

$k = \dfrac{4}{3}$이므로 다음과 같이 S_3의 값을 구할 수 있다.

$g(x) = \dfrac{4}{3} \sin x$이고 $S_2 + S_3 = \displaystyle\int_0^{\frac{\pi}{2}} g(x)\,dx$이므로

$$S_3 = \int_0^{\frac{\pi}{2}} g(x)\,dx - S_2$$

$$= \int_0^{\frac{\pi}{2}} \frac{4}{3} \sin x\,dx - \frac{2}{3}$$

$$= \left[-\frac{4}{3} \cos x \right]_0^{\frac{\pi}{2}} - \frac{2}{3}$$

$$= \frac{4}{3} - \frac{2}{3}$$

$$= \frac{2}{3}$$

06회 미니모의고사

정답과 풀이

1 ②	**2** ②	**3** ④	**4** ①
5 ④	**6** ③	**7** 15	**8** ①
9 ④	**10** 5		

1

$$\lim_{n \to \infty} \frac{1}{\sqrt{n^2+7n} - \sqrt{n^2+n}}$$

$$= \lim_{n \to \infty} \frac{\sqrt{n^2+7n} + \sqrt{n^2+n}}{(\sqrt{n^2+7n} - \sqrt{n^2+n})(\sqrt{n^2+7n} + \sqrt{n^2+n})}$$

$$= \lim_{n \to \infty} \frac{\sqrt{n^2+7n} + \sqrt{n^2+n}}{(n^2+7n) - (n^2+n)}$$

$$= \lim_{n \to \infty} \frac{\sqrt{n^2+7n} + \sqrt{n^2+n}}{6n}$$

$$= \lim_{n \to \infty} \frac{\sqrt{1+\dfrac{7}{n}} + \sqrt{1+\dfrac{1}{n}}}{6}$$

$$= \frac{\sqrt{1+0} + \sqrt{1+0}}{6} = \frac{1}{3}$$

2

직각삼각형 ABC에서

$$\overline{\mathrm{BC}} = \sqrt{\overline{\mathrm{AB}}^2 + \overline{\mathrm{AC}}^2}$$

$$= \sqrt{(n+1) + (2n+3)}$$

$$= \sqrt{3n+4}$$

이때 $\overline{\mathrm{AB}} \times \overline{\mathrm{AC}} = \overline{\mathrm{BC}} \times \overline{\mathrm{AH}}$이므로

$$a_n = \overline{\mathrm{AH}}$$

$$= \frac{\overline{\mathrm{AB}} \times \overline{\mathrm{AC}}}{\overline{\mathrm{BC}}}$$

$$= \frac{\sqrt{n+1} \times \sqrt{2n+3}}{\sqrt{3n+4}}$$

따라서

$$p = \lim_{n \to \infty} \frac{a_n}{\sqrt{n}}$$

$$= \lim_{n \to \infty} \frac{\sqrt{n+1} \times \sqrt{2n+3}}{\sqrt{3n+4} \times \sqrt{n}}$$

$$= \lim_{n \to \infty} \frac{\sqrt{1+\dfrac{1}{n}} \times \sqrt{2+\dfrac{3}{n}}}{\sqrt{3+\dfrac{4}{n}} \times 1}$$

$$= \frac{1 \times \sqrt{2}}{\sqrt{3} \times 1} = \sqrt{\frac{2}{3}}$$

이므로

$$p^2 = \left(\sqrt{\frac{2}{3}} \right)^2 = \frac{2}{3}$$

3

급수 $\displaystyle\sum_{n=1}^{\infty} a_n$의 제$n$항까지의 부분합을 S_n이라 하고,

급수 $\sum\limits_{n=1}^{\infty} a_{n+1}$의 제$n$항까지의 부분합을 T_n이라 하면

$$T_n = S_n - a_1 + a_{n+1}$$

급수 $\sum\limits_{n=1}^{\infty} a_n$이 수렴하므로

$$\lim_{n\to\infty} a_n = \lim_{n\to\infty} a_{n+1} = 0$$

이때

$$\begin{aligned}
\sum_{n=1}^{\infty} a_{n+1} &= \lim_{n\to\infty} T_n \\
&= \lim_{n\to\infty}(S_n - a_1 + a_{n+1}) \\
&= \lim_{n\to\infty} S_n - a_1 + \lim_{n\to\infty} a_{n+1} \\
&= 3 - a_1
\end{aligned}$$

그러므로 $\sum\limits_{n=1}^{\infty}(a_n + 2a_{n+1}) = 1$에서

$$\sum_{n=1}^{\infty} a_n + 2\sum_{n=1}^{\infty} a_{n+1} = 1$$
$$3 + 2(3 - a_1) = 1$$

따라서 $a_1 = 4$

4

$f(x) = (e^x - 2)\ln x$에서

$$\begin{aligned}
f'(x) &= e^x \times \ln x + (e^x - 2) \times \frac{1}{x} \\
&= e^x \ln x + \frac{e^x - 2}{x}
\end{aligned}$$

따라서 $f'(1) = e \times 0 + e - 2 = e - 2$

5

$25\sin^2 x - 5\cos x - 13 = 0$에서
$$25(1 - \cos^2 x) - 5\cos x - 13 = 0$$
$$25\cos^2 x + 5\cos x - 12 = 0$$
$$(5\cos x - 3)(5\cos x + 4) = 0$$
$$\cos x = \frac{3}{5} \text{ 또는 } \cos x = -\frac{4}{5}$$

$0 \le x \le \pi$일 때, 방정식 $\cos x = \dfrac{3}{5}$과 방정식 $\cos x = -\dfrac{4}{5}$의 해가 각각 하나씩이다. 그 해를 각각 α', β'이라 하면

$\cos \alpha' = \dfrac{3}{5}$, $\cos \beta' = -\dfrac{4}{5}$이고,

$0 < \alpha' < \dfrac{\pi}{2}$, $\dfrac{\pi}{2} < \beta' < \pi$이므로

$$\sin \alpha' = \sqrt{1 - \left(\frac{3}{5}\right)^2} = \frac{4}{5},$$
$$\sin \beta' = \sqrt{1 - \left(-\frac{4}{5}\right)^2} = \frac{3}{5}$$

따라서

$$\tan \alpha' = \frac{\sin \alpha'}{\cos \alpha'} = \frac{\frac{4}{5}}{\frac{3}{5}} = \frac{4}{3},$$
$$\tan \beta' = \frac{\sin \beta'}{\cos \beta'} = \frac{\frac{3}{5}}{-\frac{4}{5}} = -\frac{3}{4}$$

이고

$$\tan(\alpha + \beta) = \tan(\alpha' + \beta')$$

이므로 삼각함수의 덧셈정리에 의하여

$$\begin{aligned}
\tan(\alpha + \beta) &= \tan(\alpha' + \beta') \\
&= \frac{\tan \alpha' + \tan \beta'}{1 - \tan \alpha' \tan \beta'} \\
&= \frac{\frac{4}{3} + \left(-\frac{3}{4}\right)}{1 - \frac{4}{3} \times \left(-\frac{3}{4}\right)} \\
&= \frac{\frac{7}{12}}{2} = \frac{7}{24}
\end{aligned}$$

6

직선 $y = -2x + t$가 함수 $y = f(x)$의 그래프와 만나는 두 점의 x좌표가 각각 $\alpha(t)$, $\beta(t)$ $(\alpha(t) > 0,\ \beta(t) < 0)$이므로

$$\log_2\{\alpha(t) + 1\} = -2\alpha(t) + t \qquad \cdots\cdots\ \text{㉠}$$
$$\{\beta(t)\}^2 = -2\beta(t) + t \qquad \cdots\cdots\ \text{㉡}$$

㉠, ㉡에서

$$\log_2\{\alpha(t) + 1\} + 2\alpha(t) = \{\beta(t)\}^2 + 2\beta(t) \qquad \cdots\cdots\ \text{㉢}$$

$\alpha(k) = 3$이라 하면 구하는 기울기는 $t = k$일 때

$\dfrac{dy}{dx} = \dfrac{\beta'(t)}{\alpha'(t)}$의 값, 즉 $\dfrac{\beta'(k)}{\alpha'(k)}$이다.

㉢에서 $\{\beta(k)\}^2 + 2\beta(k) - 8 = 0$
$$\{\beta(k) + 4\}\{\beta(k) - 2\} = 0$$
$\beta(k) < 0$이므로 $\beta(k) = -4$

㉠의 양변을 미분하면

$$\frac{\alpha'(t)}{\{\alpha(t) + 1\}\ln 2} = -2\alpha'(t) + 1$$

이 식에 $t = k$를 대입하면 $\alpha(k) = 3$이므로

$$\frac{\alpha'(k)}{4\ln 2} = -2\alpha'(k) + 1,\ \text{즉}\ \alpha'(k) = \frac{4\ln 2}{8\ln 2 + 1}$$

㉡의 양변을 미분하면 $2\beta(t)\beta'(t) = -2\beta'(t) + 1$

이 식에 $t = k$를 대입하면 $\beta(k) = -4$이므로

$$-8\beta'(k) = -2\beta'(k) + 1,\ \text{즉}\ \beta'(k) = -\frac{1}{6}$$

따라서 구하는 기울기는

$$\begin{aligned}
\frac{\beta'(k)}{\alpha'(k)} &= \beta'(k) \times \frac{1}{\alpha'(k)} \\
&= -\frac{1}{6} \times \frac{8\ln 2 + 1}{4\ln 2} \\
&= -\frac{8\ln 2 + 1}{24\ln 2}
\end{aligned}$$

7

$$\overline{PQ} = \tan \theta,\quad \overline{OQ} = \frac{1}{\cos \theta},\quad \overline{AQ} = \overline{QR} = \frac{1 - \cos \theta}{\cos \theta}$$

$$\overline{PR} = \sqrt{\overline{PQ}^2 - \overline{QR}^2} = \sqrt{\tan^2 \theta - \left(\frac{1 - \cos \theta}{\cos \theta}\right)^2}$$

$$= \sqrt{\frac{\sin^2 \theta}{\cos^2 \theta} - \frac{(1 - \cos \theta)^2}{\cos^2 \theta}} = \frac{\sqrt{\sin^2 \theta - (1 - \cos \theta)^2}}{\cos \theta}$$

$$S(\theta) = \frac{1}{2} \times \overline{QR} \times \overline{PR} = \frac{1}{2} \times \frac{1 - \cos \theta}{\cos \theta} \times \frac{\sqrt{\sin^2 \theta - (1 - \cos \theta)^2}}{\cos \theta}$$

$$\lim_{\theta \to 0+} \frac{S(\theta)}{\theta^3}$$

$$=\lim_{\theta \to 0+} \frac{\dfrac{1}{2} \times \dfrac{1-\cos\theta}{\cos\theta} \times \dfrac{\sqrt{\sin^2\theta-(1-\cos\theta)^2}}{\cos\theta}}{\theta^3}$$

$$=\lim_{\theta \to 0+} \left\{ \frac{1}{2\cos^2\theta} \times \frac{1-\cos\theta}{\theta^2} \times \sqrt{\frac{\sin^2\theta}{\theta^2}-\frac{(1-\cos\theta)^2}{\theta^2}} \right\}$$

$$=\lim_{\theta \to 0+} \left\{ \frac{1}{2\cos^2\theta} \times \frac{\sin^2\theta}{\theta^2(1+\cos\theta)} \right.$$
$$\left. \times \sqrt{\left(\frac{\sin\theta}{\theta}\right)^2-\frac{\sin^4\theta}{\theta^2(1+\cos\theta)^2}} \right\}$$

$$=\frac{1}{2} \times \frac{1}{2} \times \sqrt{1^2-0} = \frac{1}{4}$$

따라서 $60 \times \lim\limits_{\theta \to 0+} \dfrac{S(\theta)}{\theta^3} = 60 \times \dfrac{1}{4} = 15$

8

$$f(x)=\int_0^x te^t\,dt = \left[te^t \right]_0^x - \int_0^x e^t\,dt$$

$$=xe^x - \left[e^t \right]_0^x = xe^x - e^x + 1$$

$$=(x-1)e^x + 1$$

$$\int_0^1 f(x)dx = \int_0^1 \{(x-1)e^x+1\}dx$$

$$=\int_0^1 (x-1)e^x\,dx + \int_0^1 1\,dx$$

$$=\left[(x-1)e^x \right]_0^1 - \int_0^1 e^x\,dx + \left[x \right]_0^1$$

$$=\left[(x-1)e^x \right]_0^1 - \left[e^x \right]_0^1 + \left[x \right]_0^1$$

$$=0-(-1)-(e-1)+(1-0)$$

$$=-e+3$$

9

$x=2\ln(t^2-1)$ 에서 $\dfrac{dx}{dt}=\dfrac{4t}{t^2-1}$

$y=2t$ 에서 $\dfrac{dy}{dt}=2$

$$\left(\frac{dx}{dt}\right)^2+\left(\frac{dy}{dt}\right)^2=\left(\frac{4t}{t^2-1}\right)^2+4$$

$$=\frac{16t^2+4(t^2-1)^2}{(t^2-1)^2}$$

$$=\frac{16t^2+4(t^4-2t^2+1)}{(t^2-1)^2}$$

$$=\frac{4(t^2+1)^2}{(t^2-1)^2}$$

따라서 $3 \le t \le 7$에서 이 곡선의 길이는

$$\int_3^7 \sqrt{\left(\frac{dx}{dt}\right)^2+\left(\frac{dy}{dt}\right)^2}\,dt$$

$$=\int_3^7 \sqrt{\frac{4(t^2+1)^2}{(t^2-1)^2}}\,dt$$

$$=\int_3^7 \frac{2(t^2+1)}{t^2-1}\,dt$$

$$=2\int_3^7 \left\{ 1+\frac{2}{(t-1)(t+1)} \right\}dt$$

$$=2\int_3^7 \left(1+\frac{1}{t-1}-\frac{1}{t+1} \right)dt$$

$$=2\left[t+\ln|t-1|-\ln|t+1| \right]_3^7$$

$$=2\{(7+\ln 6-\ln 8)-(3+\ln 2-\ln 4)\}$$

$$=2\left(4+\ln\frac{3}{2} \right)=8+2\ln\frac{3}{2}$$

10

$$f'(x)=\frac{1}{2}\times\left(\frac{1}{3+x}-\frac{1}{3-x} \right)$$

$$=-\frac{x}{(3+x)(3-x)}$$

$f'(x)=0$ 에서 $x=0$

$-3<x<3$에서 함수 $f(x)$의 증가와 감소를 표로 나타내면 다음과 같다.

x	(-3)	$\cdots$	0	$\cdots$	(3)
$f'(x)$		$+$	0	$-$	
$f(x)$		↗	극대	↘	

$\lim\limits_{x \to -3+} f(x)=-\infty$, $\lim\limits_{x \to 3-} f(x)=-\infty$이고,

$f(x)=0$에서 $x=-2\sqrt{2}$ 또는 $x=2\sqrt{2}$

또 $f(-x)=f(x)$이므로 함수 $y=f(x)$의 그래프는 그림과 같다.

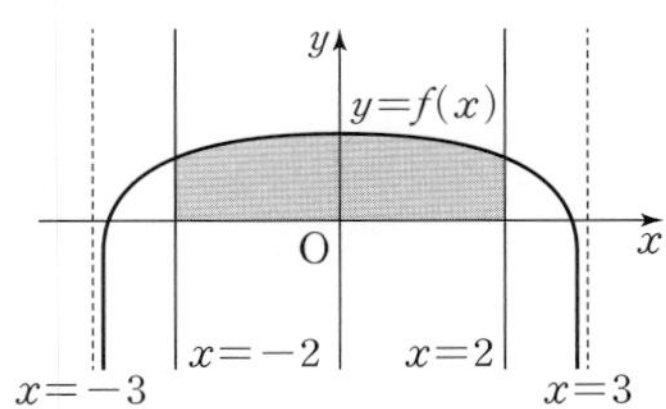

따라서 구하는 넓이를 S라 하면

$$\frac{1}{2}S=\int_0^2 \frac{\ln(3+x)+\ln(3-x)}{2}\,dx$$

$$S=\int_0^2 \{\ln(3+x)+\ln(3-x)\}\,dx$$

$$=\int_0^2 \ln(3+x)\,dx + \int_0^2 \ln(3-x)\,dx$$

이때 $\int_0^2 \ln(3+x)\,dx$에서 $3+x=t$로 놓으면

$x=0$일 때 $t=3$, $x=2$일 때 $t=5$이고,

$1=\dfrac{dt}{dx}$이므로

$$\int_0^2 \ln(3+x)\,dx = \int_3^5 \ln t\,dt$$

또 $\int_0^2 \ln(3-x)\,dx$에서 $3-x=s$로 놓으면

$x=0$일 때 $s=3$, $x=2$일 때 $s=1$이고,

$-1=\dfrac{ds}{dx}$이므로

$$\int_0^2 \ln(3-x)\,dx = -\int_3^1 \ln s\,ds$$
$$= \int_1^3 \ln s\,ds$$

따라서

$$S = \int_3^5 \ln t\,dt + \int_1^3 \ln s\,ds$$
$$= \int_3^5 \ln t\,dt + \int_1^3 \ln t\,dt$$
$$= \int_1^5 \ln t\,dt$$

$u(t) = \ln t,\ v'(t) = 1$로 놓으면

$u'(t) = \dfrac{1}{t},\ v(t) = t$이므로

$$\int_1^5 \ln t\,dt = \Big[t \ln t\Big]_1^5 - \int_1^5 dt$$
$$= \Big[t \ln t\Big]_1^5 - \Big[t\Big]_1^5$$
$$= 5 \ln 5 - 4$$

이므로 $m = 5$

07회 미니모의고사

1 ③	**2** ⑤	**3** 4	**4** ①
5 ②	**6** 12	**7** ②	**8** ④
9 ①	**10** 25		

1

$$\lim_{n \to \infty} \frac{\left(\dfrac{1}{2}\right)^{n-1} \times \left(\dfrac{1}{3}\right)^{n+1}}{4 \times \left(\dfrac{1}{6}\right)^n + 3 \times \left(\dfrac{1}{9}\right)^n}$$

$$= \lim_{n \to \infty} \frac{2 \times \dfrac{1}{3} \times \left(\dfrac{1}{6}\right)^n}{4 \times \left(\dfrac{1}{6}\right)^n + 3 \times \left(\dfrac{1}{9}\right)^n}$$

$$= \lim_{n \to \infty} \frac{\dfrac{2}{3} \times \left(\dfrac{1}{6}\right)^n \times 6^n}{4 \times \left(\dfrac{1}{6}\right)^n \times 6^n + 3 \times \left(\dfrac{1}{9}\right)^n \times 6^n}$$

$$= \lim_{n \to \infty} \frac{\dfrac{2}{3}}{4 + 3 \times \left(\dfrac{2}{3}\right)^n}$$

$$= \frac{\dfrac{2}{3}}{4+0} = \frac{1}{6}$$

2

$\sin \alpha = \dfrac{1}{3}$에서

$$\cos^2 \alpha = 1 - \sin^2 \alpha = 1 - \frac{1}{9} = \frac{8}{9}$$

$\dfrac{\pi}{2} < \alpha < \pi$에서 $\cos \alpha < 0$이므로

$$\cos \alpha = -\frac{2\sqrt{2}}{3}$$

$\sin \beta = \dfrac{\sqrt{6}}{3}$에서

$$\cos^2 \beta = 1 - \sin^2 \beta = 1 - \frac{2}{3} = \frac{1}{3}$$

$0 < \beta < \dfrac{\pi}{2}$에서 $\cos \beta > 0$이므로

$$\cos \beta = \frac{\sqrt{3}}{3}$$

따라서 삼각함수의 덧셈정리에 의하여

$$\sin(\alpha - \beta) = \sin \alpha \cos \beta - \cos \alpha \sin \beta$$
$$= \frac{1}{3} \times \frac{\sqrt{3}}{3} - \left(-\frac{2\sqrt{2}}{3}\right) \times \frac{\sqrt{6}}{3}$$
$$= \frac{\sqrt{3}}{9} + \frac{4\sqrt{3}}{9} = \frac{5\sqrt{3}}{9}$$

3

등비수열 $\{a_n\}$의 첫째항을 a, 공비를 r라 하면

수열 $\{|a_n|\}$의 첫째항은 $|a|$, 공비는 $|r|$이다.

급수 $\sum\limits_{n=1}^{\infty} a_n$이 수렴하므로 $-1<r<1$, $r\neq0$이고,

$0<|r|<1$이므로 급수 $\sum\limits_{n=1}^{\infty}|a_n|$ 또한 수렴한다.

$a\neq0$, $\sum\limits_{n=1}^{\infty}a_n=\dfrac{a}{1-r}$이므로 급수 $\sum\limits_{n=1}^{\infty}|a_n|$, $\sum\limits_{n=1}^{\infty}(a_n+|a_n|)$의 값은 a, r의 값의 부호에 따라 다음과 같다.

(ⅰ) $a>0$, $0<r<1$일 때

$$\sum\limits_{n=1}^{\infty}|a_n|=\dfrac{|a|}{1-|r|}=\dfrac{a}{1-r}$$

$$\sum\limits_{n=1}^{\infty}(a_n+|a_n|)=\dfrac{a}{1-r}+\dfrac{a}{1-r}=\dfrac{2a}{1-r}\neq0$$

(ⅱ) $a>0$, $-1<r<0$일 때

$$\sum\limits_{n=1}^{\infty}|a_n|=\dfrac{|a|}{1-|r|}=\dfrac{a}{1+r}$$

$$\sum\limits_{n=1}^{\infty}(a_n+|a_n|)=\dfrac{a}{1-r}+\dfrac{a}{1+r}=\dfrac{2a}{1-r^2}\neq0$$

(ⅲ) $a<0$, $0<r<1$일 때

$$\sum\limits_{n=1}^{\infty}|a_n|=\dfrac{|a|}{1-|r|}=-\dfrac{a}{1-r}$$

$$\sum\limits_{n=1}^{\infty}(a_n+|a_n|)=\dfrac{a}{1-r}+\left(-\dfrac{a}{1-r}\right)=0$$

(ⅳ) $a<0$, $-1<r<0$일 때

$$\sum\limits_{n=1}^{\infty}|a_n|=\dfrac{|a|}{1-|r|}=-\dfrac{a}{1+r}$$

$$\sum\limits_{n=1}^{\infty}(a_n+|a_n|)=\dfrac{a}{1-r}+\left(-\dfrac{a}{1+r}\right)=\dfrac{2ar}{1-r^2}\neq0$$

조건 (나)에서 $\sum\limits_{n=1}^{\infty}(a_n+|a_n|)=0$이므로

$a<0$, $0<r<1$

수열 $\{|a_{2n}|\}$의 첫째항은 $|ar|$, 공비는 r^2이고

수열 $\{|a_{3n}|\}$의 첫째항은 $|ar^2|$, 공비는 $|r|^3$이다.

이때 $a<0$, $0<r<1$이므로

$$\sum\limits_{n=1}^{\infty}|a_{2n}|=\dfrac{|ar|}{1-r^2}=-\dfrac{ar}{1-r^2}$$

$$\sum\limits_{n=1}^{\infty}|a_{3n}|=\dfrac{|ar^2|}{1-|r|^3}=-\dfrac{ar^2}{1-r^3}$$

조건 (다)에서 $3\times\left(-\dfrac{ar}{1-r^2}\right)=7\times\left(-\dfrac{ar^2}{1-r^3}\right)$

$(-3)\times\dfrac{ar}{(1-r)(1+r)}=(-7)\times\dfrac{ar^2}{(1-r)(1+r+r^2)}$

$\dfrac{3}{1+r}=\dfrac{7r}{1+r+r^2}$

$4r^2+4r-3=0$, $(2r-1)(2r+3)=0$

$0<r<1$이므로 $r=\dfrac{1}{2}$

즉, $a<0$, $r=\dfrac{1}{2}$

따라서

$$\dfrac{|a_1|+a_2}{a_1}=\dfrac{|a_1|}{a_1}+\dfrac{a_2}{a_1}$$

$$=\dfrac{|a|}{a}+\dfrac{ar}{a}$$

$$=\left(-\dfrac{a}{a}\right)+r$$

$$=(-1)+\dfrac{1}{2}=-\dfrac{1}{2}$$

$k=-\dfrac{1}{2}$이므로

$$16k^2=16\times\left(-\dfrac{1}{2}\right)^2=16\times\dfrac{1}{4}=4$$

참고

조건 (나)에서 $a_n+|a_n|$의 값은 $a_n>0$이면 $2a_n>0$, $a_n<0$이면 0이고

$\sum\limits_{n=1}^{\infty}(a_n+|a_n|)=0$이므로 모든 자연수 n에 대하여 $a_n<0$이다.

따라서 $a<0$, $r>0$임을 알 수 있다.

4

$f(x)=\dfrac{\sin x}{x}$에서 몫의 미분법에 의하여

$$f'(x)=\dfrac{(\sin x)'\times x-\sin x\times(x)'}{x^2}$$

$$=\dfrac{\cos x\times x-\sin x\times 1}{x^2}$$

$$=\dfrac{x\cos x-\sin x}{x^2}$$

이므로

$$f'(\pi)=\dfrac{\pi\cos\pi-\sin\pi}{\pi^2}$$

$$=\dfrac{\pi\times(-1)-0}{\pi^2}$$

$$=-\dfrac{1}{\pi}$$

5

$x^2>0$이므로

$k\geq\dfrac{\ln x}{x^2}$

$f(x)=\dfrac{\ln x}{x^2}$라 하면

$$f'(x)=\dfrac{\dfrac{1}{x}\times x^2-\ln x\times 2x}{x^4}=\dfrac{1-2\ln x}{x^3}$$

$f'(x)=0$에서 $\ln x=\dfrac{1}{2}$, $x=\sqrt{e}$

x의 값에 따른 함수 $f(x)$의 증가와 감소를 표로 나타내면 다음과 같다.

x	(0)	$\cdots$	$\sqrt{e}$	$\cdots$
$f'(x)$		$+$	0	$-$
$f(x)$		↗	극대	↘

함수 $f(x)$는 $x=\sqrt{e}$에서 극대이면서 최대이므로 최댓값은

$$f(\sqrt{e})=\dfrac{\dfrac{1}{2}}{e}=\dfrac{1}{2e}$$

따라서 $k\geq\dfrac{1}{2e}$이어야 하므로 k의 최솟값은 $\dfrac{1}{2e}$이다.

6

$f(x)=(x^2+a)e^{-2x}$에서

$f'(x)=2xe^{-2x}-2(x^2+a)e^{-2x}=-2(x^2-x+a)e^{-2x}$

$f^{-1}(c)=k$라 하면 $f(k)=c$이고,

$f'(k)\neq0$이면 $(f^{-1})'(c)=\dfrac{1}{f'(k)}$이므로 조건 (가)를 만족시키지 않

는다.

그러므로 조건 (가)를 만족시키려면 $f'(k)=0$이고

$f'(x)=0$인 x가 $x=k$뿐이어야 한다.

$f'(x)=-2(x^2-x+a)e^{-2x}=0$에서 $x^2-x+a=0$

이차방정식 $x^2-x+a=0$의 실근이 $x=k$뿐이어야 하므로

$x^2-x+a=(x-k)^2=x^2-2kx+k^2$

$2k=1$이고 $a=k^2$

$k=\dfrac{1}{2}$, $a=\dfrac{1}{4}$

이때

$f(x)=\left(x^2+\dfrac{1}{4}\right)e^{-2x}$,

$f'(x)=-2\left(x^2-x+\dfrac{1}{4}\right)e^{-2x}=-2\left(x-\dfrac{1}{2}\right)^2e^{-2x}$

$c=f(k)=f\left(\dfrac{1}{2}\right)=\left(\dfrac{1}{4}+\dfrac{1}{4}\right)e^{-1}=\dfrac{1}{2e}$

$g(x)=x^3+bx$에서 $g'(x)=3x^2+b$

$h=f\circ g$에서 $h^{-1}=(f\circ g)^{-1}=g^{-1}\circ f^{-1}$이고

$g(0)=0$에서 $g^{-1}(0)=0$이므로

$h^{-1}(f(0))=g^{-1}(f^{-1}(f(0)))$

$\qquad\qquad=g^{-1}(0)=0$

그러므로

$(h^{-1})'(f(0))=\dfrac{1}{h'(h^{-1}(f(0)))}$

$\qquad\qquad=\dfrac{1}{h'(0)}=\dfrac{1}{f'(g(0))g'(0)}$

$\qquad\qquad=\dfrac{1}{f'(0)g'(0)}=\dfrac{1}{-\dfrac{1}{2}\times b}=-12e$

에서 $b=\dfrac{1}{6e}$

따라서 $\dfrac{c}{ab}=\dfrac{\dfrac{1}{2e}}{\dfrac{1}{4}\times\dfrac{1}{6e}}=12$

참고

두 함수 $f(x)=\left(x^2+\dfrac{1}{4}\right)e^{-2x}$, $g(x)=x^3+\dfrac{1}{6e}x$는

모든 실수 x에 대하여

$f'(x)=-2\left(x-\dfrac{1}{2}\right)^2e^{-2x}\leq0$, $g'(x)=3x^2+\dfrac{1}{6e}>0$

이므로 각각 역함수가 존재한다.

7

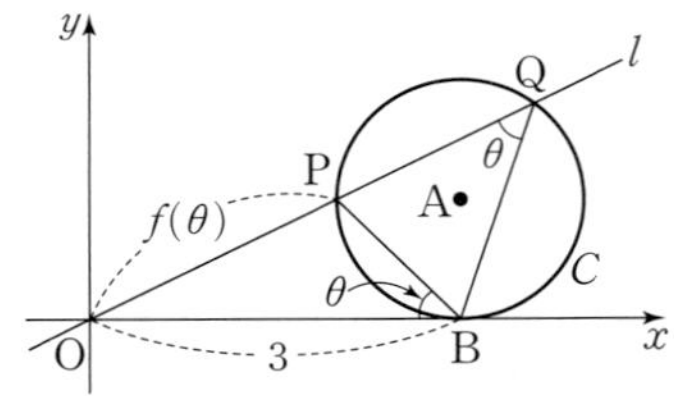

원 C가 점 $A(3, 1)$을 중심으로 하고 x축에 접하므로 원 C의 반지름의 길이는 1이고, 점 B의 좌표는 $(3, 0)$이다.

원의 접선과 현이 이루는 각의 성질에 의하여

$\angle\mathrm{OBP}=\angle\mathrm{BQO}=\theta$

원 C는 삼각형 BQP의 외접원이므로 사인법칙에 의하여

$\dfrac{\overline{\mathrm{BP}}}{\sin\theta}=2$에서 $\overline{\mathrm{BP}}=2\sin\theta$

삼각형 POB에서 코사인법칙에 의하여

$\overline{\mathrm{OP}}^2=\overline{\mathrm{OB}}^2+\overline{\mathrm{BP}}^2-2\times\overline{\mathrm{OB}}\times\overline{\mathrm{BP}}\times\cos\theta$

$\qquad=3^2+(2\sin\theta)^2-2\times3\times2\sin\theta\times\cos\theta$

$\qquad=4\sin^2\theta-12\sin\theta\cos\theta+9$

이므로

$f(\theta)=\overline{\mathrm{OP}}$

$\qquad=\sqrt{4\sin^2\theta-12\sin\theta\cos\theta+9}$

이고,

$f'(\theta)=\dfrac{8\sin\theta\cos\theta-12(\cos^2\theta-\sin^2\theta)}{2\sqrt{4\sin^2\theta-12\sin\theta\cos\theta+9}}$

$\qquad=\dfrac{4\sin\theta\cos\theta-6(\cos^2\theta-\sin^2\theta)}{\sqrt{4\sin^2\theta-12\sin\theta\cos\theta+9}}$

따라서

$f'\left(\dfrac{\pi}{4}\right)=\dfrac{4\sin\dfrac{\pi}{4}\cos\dfrac{\pi}{4}-6\left(\cos^2\dfrac{\pi}{4}-\sin^2\dfrac{\pi}{4}\right)}{\sqrt{4\sin^2\dfrac{\pi}{4}-12\times\sin\dfrac{\pi}{4}\times\cos\dfrac{\pi}{4}+9}}$

$\qquad=\dfrac{4\times\dfrac{\sqrt{2}}{2}\times\dfrac{\sqrt{2}}{2}-6\left(\dfrac{1}{2}-\dfrac{1}{2}\right)}{\sqrt{4\times\dfrac{1}{2}-12\times\dfrac{\sqrt{2}}{2}\times\dfrac{\sqrt{2}}{2}+9}}$

$\qquad=\dfrac{2}{\sqrt{5}}=\dfrac{2\sqrt{5}}{5}$

다른 풀이

$f(\theta)=\sqrt{4\sin^2\theta-12\sin\theta\cos\theta+9}$에서

$\{f(\theta)\}^2=4\sin^2\theta-12\sin\theta\cos\theta+9$ $\qquad\cdots\cdots$ ㉠

㉠에 $\theta=\dfrac{\pi}{4}$를 대입하면

$\left\{f\left(\dfrac{\pi}{4}\right)\right\}^2=4\times\dfrac{1}{2}-12\times\dfrac{\sqrt{2}}{2}\times\dfrac{\sqrt{2}}{2}+9$

$\qquad\qquad=2-6+9=5$

$f(\theta)>0$이므로

$f\left(\dfrac{\pi}{4}\right)=\sqrt{5}$

㉠의 양변을 θ에 대하여 미분하면

$2f(\theta)f'(\theta)=8\sin\theta\cos\theta-12(\cos^2\theta-\sin^2\theta)$ $\qquad\cdots\cdots$ ㉡

㉡에 $\theta=\dfrac{\pi}{4}$를 대입하면

$2\times\sqrt{5}\times f'\left(\dfrac{\pi}{4}\right)=8\times\dfrac{\sqrt{2}}{2}\times\dfrac{\sqrt{2}}{2}-12\left(\dfrac{1}{2}-\dfrac{1}{2}\right)$

$2\times\sqrt{5}\times f'\left(\dfrac{\pi}{4}\right)=4$

따라서 $f'\left(\dfrac{\pi}{4}\right)=\dfrac{2\sqrt{5}}{5}$

8

$$\int_1^5 f(x)\,dx + \int_5^3 f(x)\,dx = \int_1^5 f(x)\,dx - \int_3^5 f(x)\,dx$$
$$= \int_1^3 f(x)\,dx$$
$$= \int_1^3 (2x+1)e^x\,dx$$

$u(x)=2x+1$, $v'(x)=e^x$으로 놓으면

$u'(x)=2$, $v(x)=e^x$이므로

$$\int_1^3 (2x+1)e^x\,dx = \Big[(2x+1)e^x\Big]_1^3 - \int_1^3 2e^x\,dx$$
$$= (7e^3-3e) - \Big[2e^x\Big]_1^3$$
$$= (7e^3-3e) - 2(e^3-e)$$
$$= 5e^3-e$$

9

직선 AP의 방정식은

$$y-1 = -\frac{1}{a+1}(x+1)$$

이므로 이 직선의 y절편은

$$1-\frac{1}{a+1} = \frac{a}{a+1}$$

직선 BP의 방정식은

$$y+1 = \frac{1}{a-1}(x-1)$$

이므로 이 직선의 y절편은

$$-1-\frac{1}{a-1} = \frac{a}{1-a}$$

두 직선 AP, BP 및 y축으로 둘러싸인 삼각형의 넓이를 $S(a)$라 하면

$$S(a) = \frac{1}{2} \times \left(\frac{a}{a+1} - \frac{a}{1-a}\right) \times a$$
$$= \frac{a^3}{a^2-1}$$

이므로

$$S'(a) = \frac{3a^2(a^2-1) - a^3 \times 2a}{(a^2-1)^2}$$
$$= \frac{a^4-3a^2}{(a^2-1)^2}$$
$$= \frac{a^2(a^2-3)}{(a^2-1)^2}$$

$a>1$이므로 $S'(a)=0$에서

$$a=\sqrt{3}$$

$a=\sqrt{3}$의 좌우에서 $S'(a)$의 부호는 음에서 양으로 변하므로 함수 $S(a)$는 $a=\sqrt{3}$일 때 극소인 동시에 최소이다.

따라서 $S(a)$의 최솟값은

$$S(\sqrt{3}) = \frac{3\sqrt{3}}{3-1} = \frac{3\sqrt{3}}{2}$$

10

$h(x) = \dfrac{\ln x}{x^2}$라 하면

$$h'(x) = \frac{\frac{1}{x} \times x^2 - 2x \times \ln x}{x^4} = \frac{1-2\ln x}{x^3}$$

이므로 $h'(x)=0$에서

$$1-2\ln x = 0, \quad x=\sqrt{e}$$

$0<x<\sqrt{e}$에서 $h'(x)>0$, $x>\sqrt{e}$에서 $h'(x)<0$이므로 함수 $h(x)$는 $x=\sqrt{e}$에서 극대이자 최대이다.

따라서 $0<t<\sqrt{e}$일 때 함수 $f(x)$는 $x=\sqrt{e}$에서 최대이고, $t\geq\sqrt{e}$일 때 함수 $f(x)$는 $x=t$에서 최대이다.

$$h(\sqrt{e}) = \frac{\ln\sqrt{e}}{(\sqrt{e})^2} = \frac{1}{2e}$$

이므로

$$g(t) = \begin{cases} \dfrac{1}{2e} & (0<t<\sqrt{e}) \\[2mm] \dfrac{\ln t}{t^2} & (t\geq\sqrt{e}) \end{cases}$$

따라서

$$\int_1^e g(t)\,dt = \int_1^{\sqrt{e}} \frac{1}{2e}\,dt + \int_{\sqrt{e}}^e \frac{\ln t}{t^2}\,dt$$

이때

$$\int_1^{\sqrt{e}} \frac{1}{2e}\,dt = \left[\frac{1}{2e}t\right]_1^{\sqrt{e}} = \frac{1}{2e}(\sqrt{e}-1) = \frac{1}{2\sqrt{e}} - \frac{1}{2e}$$

이고

$$\int_{\sqrt{e}}^e \frac{\ln t}{t^2}\,dt = \int_{\sqrt{e}}^e t^{-2}\ln t\,dt$$
$$= \left[-\frac{\ln t}{t}\right]_{\sqrt{e}}^e - \int_{\sqrt{e}}^e \left(-\frac{1}{t} \times \frac{1}{t}\right)\,dt$$
$$= \left(-\frac{1}{e} + \frac{1}{2\sqrt{e}}\right) - \left[\frac{1}{t}\right]_{\sqrt{e}}^e$$
$$= \left(-\frac{1}{e} + \frac{1}{2\sqrt{e}}\right) - \left(\frac{1}{e} - \frac{1}{\sqrt{e}}\right)$$
$$= -\frac{2}{e} + \frac{3}{2\sqrt{e}}$$

따라서

$$\int_1^e g(t)\,dt = \int_1^{\sqrt{e}} \frac{1}{2e}\,dt + \int_{\sqrt{e}}^e \frac{\ln t}{t^2}\,dt$$
$$= \left(\frac{1}{2\sqrt{e}} - \frac{1}{2e}\right) + \left(-\frac{2}{e} + \frac{3}{2\sqrt{e}}\right)$$
$$= \frac{2}{\sqrt{e}} - \frac{5}{2e}$$

$p=2$, $q=-\dfrac{5}{2}$이므로

$$(p \times q)^2 = \left\{2 \times \left(-\frac{5}{2}\right)\right\}^2 = 25$$

1 ③		**2** 8		**3** ①		**4** ③
5 ③		**6** 40		**7** ①		**8** ①
9 24		**10** ⑤				

1

$\lim\limits_{n \to \infty}(3a_n-1)=5$이므로

$$\lim_{n \to \infty} a_n = \lim_{n \to \infty} \frac{1}{3}\{(3a_n-1)+1\}$$
$$= \frac{1}{3} \lim_{n \to \infty}(3a_n-1)+\frac{1}{3}$$
$$= \frac{1}{3} \times 5 + \frac{1}{3} = 2$$

$\lim\limits_{n \to \infty}(2a_n+3b_n)=7$이므로

$$\lim_{n \to \infty} b_n = \lim_{n \to \infty} \frac{1}{3}\{(2a_n+3b_n)-2a_n\}$$
$$= \frac{1}{3} \lim_{n \to \infty}(2a_n+3b_n)-\frac{2}{3} \lim_{n \to \infty} a_n$$
$$= \frac{1}{3} \times 7 - \frac{2}{3} \times 2 = 1$$

따라서

$$\lim_{n \to \infty}(b_n+4) = \lim_{n \to \infty} b_n + 4$$
$$= 1+4 = 5$$

2

$\sum\limits_{n=1}^{\infty}(a_n-3)=5$이므로 $b_n=a_n-3$이라 하면

$$\sum_{n=1}^{\infty} b_n = 5$$

이때 $\lim\limits_{n \to \infty} b_n = 0$이므로

$$\lim_{n \to \infty} a_n = \lim_{n \to \infty}(b_n+3)$$
$$= \lim_{n \to \infty} b_n + 3$$
$$= 0+3 = 3$$

따라서

$$\lim_{n \to \infty}\left(a_n-3n+\sum_{k=1}^{n} a_k\right) = \lim_{n \to \infty}\left\{a_n-3n+\sum_{k=1}^{n}(b_k+3)\right\}$$
$$= \lim_{n \to \infty}\left(a_n-3n+\sum_{k=1}^{n} b_k+3n\right)$$
$$= \lim_{n \to \infty}\left(a_n+\sum_{k=1}^{n} b_k\right)$$
$$= \lim_{n \to \infty} a_n + \sum_{k=1}^{\infty} b_k$$
$$= 3+5 = 8$$

3

선분 A_1B_1의 중점을 O라 하면 점 O는 선분 A_1B_1을 지름으로 하는 반원의 중심이므로

$$\overline{OB_1}=\overline{OC_1}=1$$

중심각과 원주각의 관계에 의하여

$$\angle C_1OB_1 = 2 \times \angle C_1A_1B_1$$
$$= 2 \times \frac{\pi}{6} = \frac{\pi}{3}$$

부채꼴 C_1OB_1의 넓이는

$$\frac{1}{2} \times 1^2 \times \frac{\pi}{3} = \frac{\pi}{6}$$

삼각형 C_1OB_1의 넓이는

$$\frac{1}{2} \times 1^2 \times \sin\frac{\pi}{3} = \frac{\sqrt{3}}{4}$$

두 부채꼴 C_1OB_1, D_1OA_1, 두 삼각형 C_1OB_1, D_1OA_1은 각각 서로 합동이므로

$$S_1 = 2 \times \left(\frac{\pi}{6} - \frac{\sqrt{3}}{4}\right) = \frac{\pi}{3} - \frac{\sqrt{3}}{2}$$

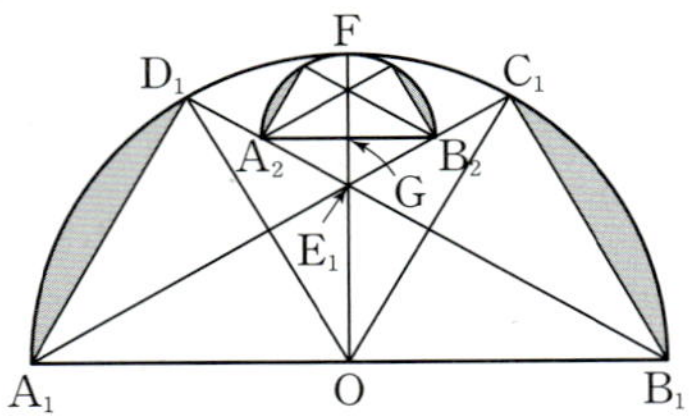

선분 A_2B_2와 선분 E_1F의 교점을 G라 하면
점 G는 선분 A_2B_2를 지름으로 하는 반원의 중심이므로

$$\overline{A_2G}=\overline{B_2G}=\overline{FG}$$
$$\overline{A_2G}=\overline{B_2G}=\overline{FG}=x \ (x>0)$$이라 하면

직각삼각형 B_2GE_1에서 $\angle GE_1B_2=\frac{\pi}{3}$이므로

$$\overline{GE_1}=\frac{x}{\tan\frac{\pi}{3}}=\frac{\sqrt{3}}{3}x$$

직각삼각형 E_1OB_1에서

$$\overline{E_1O}=\overline{B_1O} \times \tan\frac{\pi}{6}$$
$$= 1 \times \frac{\sqrt{3}}{3} = \frac{\sqrt{3}}{3}$$

$\overline{FG}+\overline{GE_1}+\overline{E_1O}=1$이므로

$$x+\frac{\sqrt{3}}{3}x+\frac{\sqrt{3}}{3}=1$$
$$x=2-\sqrt{3}$$

그러므로 선분 A_nB_n을 지름으로 하는 반원과 선분 $A_{n+1}B_{n+1}$을 지름으로 하는 반원은 서로 닮음이고 닮음비가 $1:2-\sqrt{3}$이다.

따라서 $\lim\limits_{n \to \infty} S_n$의 값은 첫째항이 $\frac{\pi}{3}-\frac{\sqrt{3}}{2}$이고 공비가 $(2-\sqrt{3})^2$인 등비급수의 합과 같으므로

$$\lim_{n \to \infty} S_n = \frac{\frac{\pi}{3}-\frac{\sqrt{3}}{2}}{1-(2-\sqrt{3})^2}$$
$$= \frac{\frac{\pi}{3}-\frac{\sqrt{3}}{2}}{4\sqrt{3}-6}$$
$$= \frac{1}{12\sqrt{3}-18}\pi - \frac{\sqrt{3}}{8\sqrt{3}-12}$$
$$= \frac{2\sqrt{3}+3}{18}\pi - \frac{2+\sqrt{3}}{4}$$

4

$f(x)=\sin \pi x$에서
$f'(x)=\cos \pi x \times (\pi x)'=\pi \cos \pi x$이므로
$f'\left(\dfrac{1}{3}\right)=\pi \cos \dfrac{\pi}{3}=\dfrac{\pi}{2}$

5

$\dfrac{dx}{dt}=\dfrac{2}{t}$, $\dfrac{dy}{dt}=1-\dfrac{1}{t^2}$

$\dfrac{dy}{dx}=\dfrac{1-\dfrac{1}{t^2}}{\dfrac{2}{t}}=\dfrac{t^2-1}{2t}$

$\dfrac{t^2-1}{2t}=-\dfrac{3}{4}$에서 $2t^2+3t-2=0$, $(2t-1)(t+2)=0$

$t>0$이므로 $t=\dfrac{1}{2}$

이때 속력은
$\sqrt{\left(\dfrac{dx}{dt}\right)^2+\left(\dfrac{dy}{dt}\right)^2}=\sqrt{(2\times 2)^2+(1-4)^2}=5$

6

원점을 지나고 곡선 $y=\dfrac{1}{e^x}+t$, 즉 $y=e^{-x}+t$에 접하는 직선의 접점
의 좌표를 $(s,\ e^{-s}+t)$라 하자.
$y'=-e^{-x}$이므로 접선의 방정식은
$y-(e^{-s}+t)=-e^{-s}(x-s)$
이 접선이 원점을 지나므로
$0-(e^{-s}+t)=-e^{-s}(0-s)$
$t=-(s+1)e^{-s}$ ……㉠
이때 접선의 기울기는 $-e^{-s}$이므로
$f(t)=-e^{-s}$ ……㉡
㉠의 양변을 s에 대하여 미분하면
$\dfrac{dt}{ds}=-e^{-s}+(s+1)e^{-s}=se^{-s}$ ……㉢
㉡의 양변을 s에 대하여 미분하면
$f'(t)\times \dfrac{dt}{ds}=e^{-s}$ ……㉣
㉢, ㉣에서
$f'(t)\times se^{-s}=e^{-s}$
$s\neq 0$이므로 $f'(t)=\dfrac{1}{s}$ ……㉤
한편, $t=t_1$일 때, $s=s_1$이라 하면
㉡에서 $f(t_1)=-e^{-s_1}=-e\sqrt{e}=-e^{\frac{3}{2}}$이면
$s_1=-\dfrac{3}{2}$이므로 ㉤에서
$f'(t_1)=\dfrac{1}{s_1}=\dfrac{1}{-\dfrac{3}{2}}=-\dfrac{2}{3}$
따라서 $60\times |f'(t_1)|=60\times \dfrac{2}{3}=40$

7

$f_1(x)=\dfrac{a(x+1)^2}{x^2+1}$, $f_2(x)=x^3+bx^2+cx+d$라 하자.

$f_1{}'(x)=\dfrac{2a(x+1)(x^2+1)-a(x+1)^2\times 2x}{(x^2+1)^2}$

$\qquad =\dfrac{-2a(x+1)(x-1)}{(x^2+1)^2}$

$f_1{}'(x)=0$에서 $x=-1$ 또는 $x=1$
함수 $f_1(x)$의 증가와 감소를 표로 나타내면 다음과 같다.

x	$\cdots$	-1	$\cdots$	1	$\cdots$
$f_1{}'(x)$	$-$	0	$+$	0	$-$
$f_1(x)$	$\searrow$	극소	$\nearrow$	극대	$\searrow$

$f_1(-1)=0$, $f_1(1)=2a>0$이고, $\displaystyle\lim_{x\to-\infty}f_1(x)=a$이므로
$x\leq 1$에서 함수 $y=f_1(x)$의 그래프는 그림과 같다.

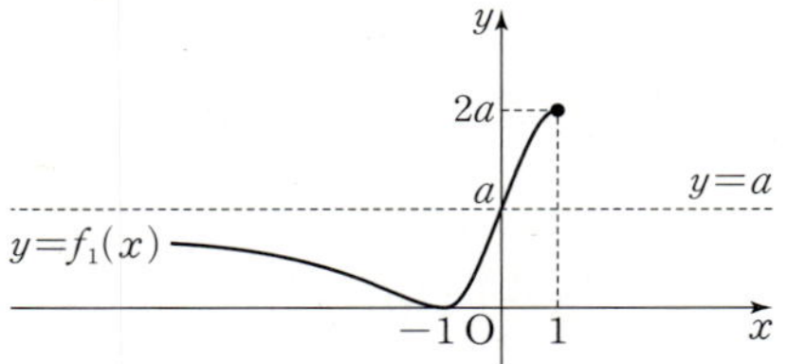

함수 $f(x)$가 실수 전체의 집합에서 미분가능하므로 $x=1$에서 미분가
능해야 한다.
함수 $f(x)$가 $x=1$에서 연속이어야 하므로
$\displaystyle\lim_{x\to 1-}f(x)=\lim_{x\to 1+}f(x)=f(1)$에서
$f_1(1)=f_2(1)$
즉, $f_2(1)=2a$ ……㉠
또
$\displaystyle\lim_{x\to 1-}\dfrac{f(x)-f(1)}{x-1}=\lim_{x\to 1-}\dfrac{f_1(x)-f_1(1)}{x-1}$
$\qquad\qquad =f_1{}'(1)=0$
이고, 함수 $f(x)$가 $x=1$에서 미분가능하므로
$\displaystyle\lim_{x\to 1+}\dfrac{f(x)-f(1)}{x-1}=\lim_{x\to 1+}\dfrac{f_2(x)-f_2(1)}{x-1}=0$
즉, $f_2{}'(1)=0$
그러므로 삼차함수 $y=f_2(x)$는 $x=1$에서 극대 또는 극소이거나 변곡
점을 갖는다.
그런데 삼차함수 $y=f_2(x)$가 $x=1$에서 극소이거나 변곡점을 가지면
$x>1$에서 함수 $y=f_2(x)$의 그래프는 x축과 만나지 않는다.
조건 (가)에서 $g(0)=2$, 즉 함수 $y=f(x)$의 그래프와 x축의 교점의
개수가 2이므로 함수 $y=f_2(x)$의 그래프는 $x>1$에서 x축과 접해야
한다.
이때 함수 $y=f_2(x)$의 그래프와 x축과 접하는 점의 x좌표를
$p\ (p>1)$라 하면 함수 $y=f_2(x)$는 $x=1$에서 극대, $x=p$에서 극소
이므로 함수 $y=f(x)$의 그래프의 개형은 아래 그림과 같아야 한다.

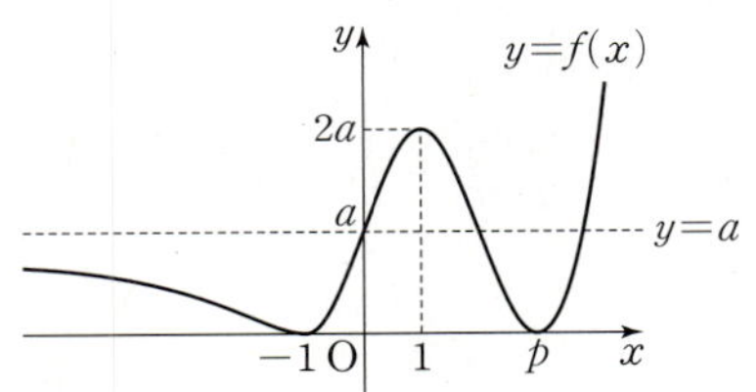

그러므로 함수 $g(t)$의 그래프는 그림과 같다.

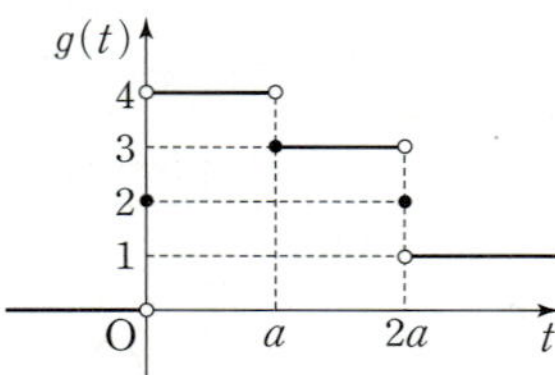

조건 (나)에서 $\lim\limits_{t \to 4-} g(t) - \lim\limits_{t \to 4+} g(t) = 2$를 만족시키는 경우는

$3-1=2$뿐이므로 $2a=4$, $a=2$

$f_2(x)=(x-p)^2(x-k)$ (k는 상수)로 놓으면

$f_2{}'(x)=2(x-p)(x-k)+(x-p)^2$

$\qquad = (x-p)(3x-2k-p)$

$f_2{}'(x)=0$에서 $x=p$ 또는 $x=\dfrac{2k+p}{3}$

$f_2{}'(1)=0$이고 $p>1$이므로

$\dfrac{2k+p}{3}=1$, $k=\dfrac{3-p}{2}$

즉, $f_2(x)=(x-p)^2\left(x-\dfrac{3-p}{2}\right)$

㉠에 의하여

$f_2(1)=(1-p)^2\left(1-\dfrac{3-p}{2}\right)=(p-1)^2\times\dfrac{p-1}{2}$

$\qquad = \dfrac{(p-1)^3}{2}=2a=4$

$(p-1)^3=8$에서 $p-1=2$, $p=3$

따라서 $f(x)=\begin{cases} \dfrac{2(x+1)^2}{x^2+1} & (x\leq 1) \\ x(x-3)^2 & (x>1) \end{cases}$ 이므로

$f(-a)\times f(a)=f(-2)\times f(2)=\dfrac{2}{5}\times 2=\dfrac{4}{5}$

8

$1+\tan^2 x=\sec^2 x$이므로

$\displaystyle\int_0^{\frac{\pi}{4}} \dfrac{\sec^2 x}{1-\sin^2 x}dx - \int_0^{\frac{\pi}{4}} \dfrac{\tan^2 x}{1-\sin^2 x}dx$

$=\displaystyle\int_0^{\frac{\pi}{4}} \dfrac{\sec^2 x-\tan^2 x}{1-\sin^2 x}dx$

$=\displaystyle\int_0^{\frac{\pi}{4}} \dfrac{1}{1-\sin^2 x}dx$

$=\displaystyle\int_0^{\frac{\pi}{4}} \dfrac{1}{\cos^2 x}dx = \int_0^{\frac{\pi}{4}} \sec^2 x\, dx$

$=\Big[\tan x\Big]_0^{\frac{\pi}{4}}=1$

9

$f(x)=(ax+b)e^x$

$f'(x)=ae^x+(ax+b)e^x=(ax+a+b)e^x$

이므로 조건 (가)에 의하여

$\dfrac{f'(1)}{f(1)}=\dfrac{(2a+b)e}{(a+b)e}=\dfrac{2a+b}{a+b}=\dfrac{4}{3}$

$4a+4b=6a+3b$

$b=2a \qquad \cdots\cdots$ ㉠

그러므로 $f(x)=(ax+2a)e^x$, $f'(x)=(ax+3a)e^x$

함수 $f(x)$의 역함수가 $g(x)$이므로

$g(f(x))=x$

양변을 x에 대하여 미분하면

$g'(f(x))f'(x)=1$

$x>0$에서 $f'(x)=a(x+3)e^x \neq 0$이므로

$g'(f(x))=\dfrac{1}{f'(x)}$

조건 (나)에 의하여

$\displaystyle\int_1^5 g'(f(x))e^x dx=\int_1^5 \dfrac{e^x}{f'(x)}dx=\int_1^5 \dfrac{e^x}{(ax+3a)e^x}dx$

$\qquad =\displaystyle\int_1^5 \dfrac{1}{ax+3a}dx=\dfrac{1}{a}\int_1^5 \dfrac{1}{x+3}dx$

$\qquad =\dfrac{1}{a}\Big[\ln|x+3|\Big]_1^5 = \dfrac{1}{a}(\ln 8 - \ln 4)$

$\qquad =\dfrac{1}{a}\ln 2 = \ln\sqrt{2}$

이므로 $\dfrac{1}{a}\ln 2 = \dfrac{1}{2}\ln 2$에서 $a=2$

㉠에서 $b=4$

따라서 $10a+b=24$

10

x축 위의 점 $(t, 0)$ $\left(0\leq t\leq \dfrac{\pi}{2}\right)$를 지나고 x축에 수직인 평면으로 자른 단면의 넓이를 $S(t)$라 하면

$S(t)=(\sin t+\cos t+1)^2$

$\qquad =\sin^2 t+\cos^2 t+1+2\sin t\cos t+2\sin t+2\cos t$

$\qquad =2+2\sin t\cos t+2\sin t+2\cos t$

입체도형의 부피를 V라 하면

$V=\displaystyle\int_0^{\frac{\pi}{2}} S(t)dt$

$\quad =\displaystyle\int_0^{\frac{\pi}{2}} (2+2\sin t\cos t+2\sin t+2\cos t)dt \qquad \cdots\cdots$ ㉠

$\displaystyle\int_0^{\frac{\pi}{2}} 2\sin x\cos x\, dx$에서

$\sin x=t$라 하면 $\cos x=\dfrac{dt}{dx}$이고,

$x=0$일 때 $t=0$, $x=\dfrac{\pi}{2}$일 때 $t=1$이므로

$\displaystyle\int_0^{\frac{\pi}{2}} 2\sin x\cos x\, dx=\int_0^1 2t\, dt=\Big[t^2\Big]_0^1=1-0=1$

따라서 구하는 부피는 ㉠에서

$\displaystyle\int_0^{\frac{\pi}{2}} 2\sin t\cos t\, dt+\Big[2t-2\cos t+2\sin t\Big]_0^{\frac{\pi}{2}}$

$=1+(\pi+2)-(-2)$

$=\pi+5$

1 ③	**2** ③	**3** 240	**4** ⑤
5 ①	**6** ⑤	**7** 108	**8** ①
9 150	**10** ①		

1

$$\lim_{n \to \infty} \frac{2^{3n+1}+4^{\frac{3}{2}n+1}}{2^{3n}+1}=\lim_{n \to \infty} \frac{2 \times 8^n+4 \times 8^n}{8^n+1}$$
$$=\lim_{n \to \infty} \frac{2+4}{1+\dfrac{1}{8^n}}$$
$$=\frac{2+4}{1+0}=6$$

2

조건 (가)에서

$\displaystyle\sum_{k=1}^{n} 4^k=\frac{4 \times (4^n-1)}{4-1}=\frac{4}{3} \times (4^n-1)$이므로

$$\frac{4}{3} \times (4^n-1)<a_n<\frac{4}{3} \times 4^n$$

각 변을 4^n으로 나누면

$$\frac{4}{3} \times \left\{1-\left(\frac{1}{4}\right)^n\right\}<\frac{a_n}{4^n}<\frac{4}{3}$$

이때 $\displaystyle\lim_{n \to \infty} \frac{4}{3} \times \left\{1-\left(\frac{1}{4}\right)^n\right\}=\frac{4}{3}$, $\displaystyle\lim_{n \to \infty} \frac{4}{3}=\frac{4}{3}$이므로

수열의 극한의 대소 관계에 의하여

$$\lim_{n \to \infty} \frac{a_n}{4^n}=\frac{4}{3} \qquad \cdots\cdots \ \bigcirc$$

조건 (나)에서

$\displaystyle\lim_{n \to \infty} \frac{5n}{2n+1}=\frac{5}{2}$, $\displaystyle\lim_{n \to \infty} \frac{5n^2+2n+1}{2n^2+n}=\frac{5}{2}$이므로

수열의 극한의 대소 관계에 의하여

$$\sum_{n=1}^{\infty} b_n=\lim_{n \to \infty} \sum_{k=1}^{n} b_k=\frac{5}{2}$$

급수 $\displaystyle\sum_{n=1}^{\infty} b_n$이 수렴하므로

$$\lim_{n \to \infty} b_n=0 \qquad \cdots\cdots \ \bigcirc$$

따라서 $\bigcirc$, $\bigcirc$에 의하여

$$\lim_{n \to \infty} \frac{a_n+3^n}{4^{n-1}b_n+2^{2n+1}}=\lim_{n \to \infty} \frac{\dfrac{a_n}{4^n}+\left(\dfrac{3}{4}\right)^n}{\dfrac{1}{4} \times b_n+2}$$
$$=\frac{\dfrac{4}{3}+0}{\dfrac{1}{4} \times 0+2}=\frac{2}{3}$$

3

$\overline{A_1M_1} \perp \overline{B_1C_1}$이므로

$$\overline{A_1M_1}=\frac{\sqrt{3}}{2} \times 20=10\sqrt{3}$$

$$\overline{A_1P_1}=\frac{10\sqrt{3}}{\sqrt{2}}=5\sqrt{6}$$

다음 그림과 같이 그림 R_1에서 두 선분 A_1B_1과 P_1M_1의 교점을 R, 두 선분 A_1C_1과 Q_1M_1의 교점을 S, 점 R에서 선분 A_1M_1에 내린 수선의 발을 H라 하자.

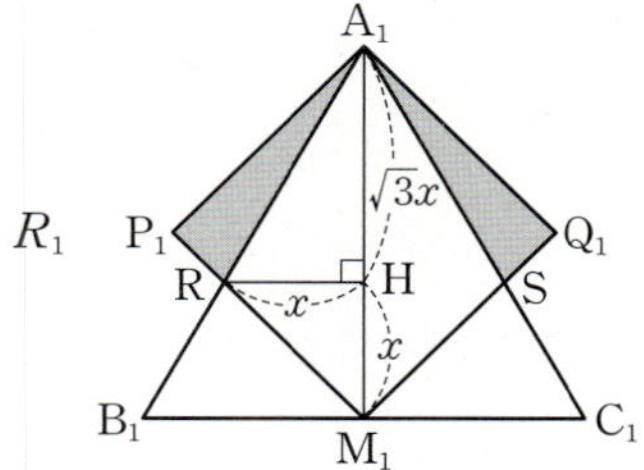

$\overline{RH}=x$라 하면 $\overline{A_1H}=\sqrt{3}x$, $\overline{HM_1}=x$이므로

$\sqrt{3}x+x=10\sqrt{3}$에서

$$x=\frac{10\sqrt{3}}{\sqrt{3}+1}=5(3-\sqrt{3})$$

즉, 사각형 A_1RM_1S의 넓이는

$$2 \times \triangle A_1RM_1=2 \times \frac{1}{2} \times 10\sqrt{3} \times 5(3-\sqrt{3})$$
$$=150(\sqrt{3}-1)$$

이므로

$$S_1=(5\sqrt{6})^2-150(\sqrt{3}-1)=150(2-\sqrt{3})$$

한편, 정삼각형 $A_1B_1C_1$과 정삼각형 $A_2A_1Q_1$의 닮음비가

$20:5\sqrt{6}=1:\dfrac{\sqrt{6}}{4}$이므로 그림 R_1에서 색칠한 ⋀ 모양의 도형과 그림 R_2에서 새로 색칠한 ⋀ 모양의 도형의 닮음비는 $1:\dfrac{\sqrt{6}}{4}$이고,

그 넓이의 비는 $1:\left(\dfrac{\sqrt{6}}{4}\right)^2=1:\dfrac{3}{8}$이다.

같은 방법으로 하면 그림 R_n에서 새로 색칠한 ⋀ 모양의 도형과 그림 R_{n+1}에서 새로 색칠한 ⋀ 모양의 도형의 넓이의 비가 $1:\dfrac{3}{8}$

이므로 S_n은 첫째항이 $150(2-\sqrt{3})$이고 공비가 $\dfrac{3}{8}$인 등비수열의 첫째항부터 제n항까지의 합이다.

따라서

$$\lim_{n \to \infty} S_n=\frac{150(2-\sqrt{3})}{1-\dfrac{3}{8}}$$
$$=480-240\sqrt{3}$$

이므로

$$p+q=480+(-240)=240$$

4

$f(x)=2\sin^2 x-\cos^4 x$에서

$$f'(x)=2 \times 2\sin x \times \cos x-4\cos^3 x \times (-\sin x)$$
$$=4\sin x\cos x+4\sin x\cos^3 x$$

이므로

$$f'\left(\frac{\pi}{4}\right)=4 \times \frac{\sqrt{2}}{2} \times \frac{\sqrt{2}}{2}+4 \times \frac{\sqrt{2}}{2} \times \frac{2\sqrt{2}}{8}=3$$

5

$y=\sqrt[3]{x^2+4}=(x^2+4)^{\frac{1}{3}}$이므로

$$y'=\frac{1}{3}(x^2+4)^{-\frac{2}{3}}\times 2x$$
$$=\frac{2}{3}x(x^2+4)^{-\frac{2}{3}}$$
$$=\frac{2}{3}x\times\frac{1}{\sqrt[3]{(x^2+4)^2}}$$
$$=\frac{2x}{3\sqrt[3]{(x^2+4)^2}}$$

따라서 곡선 위의 점 $(2, 2)$에서의 접선의 기울기는

$$\frac{2\times 2}{3\sqrt[3]{(2^2+4)^2}}=\frac{4}{3\times\sqrt[3]{64}}=\frac{4}{3\times 4}$$
$$=\frac{1}{3}$$

다른 풀이

$y=\sqrt[3]{x^2+4}=(x^2+4)^{\frac{1}{3}}$에서 양변을 세제곱하면

$$y^3=x^2+4$$

양변을 x에 대하여 미분하면

$$3y^2\frac{dy}{dx}=2x$$

즉, $\dfrac{dy}{dx}=\dfrac{2x}{3y^2}$ (단, $y\neq 0$) ······ ㉠

따라서 곡선 위의 점 $(2, 2)$에서의 접선의 기울기는 ㉠에 $x=2$, $y=2$를 대입한 값과 같으므로

$$\frac{2\times 2}{3\times 2^2}=\frac{4}{12}=\frac{1}{3}$$

6

$h(x)=f(x)\times g^{-1}(x)$의 양변을 x에 대하여 미분하면

$$h'(x)=f'(x)\times g^{-1}(x)+f(x)\times\frac{1}{g'(g^{-1}(x))}$$이므로

$$h'(1)=f'(1)\times g^{-1}(1)+f(1)\times\frac{1}{g'(g^{-1}(1))}$$

조건 (가)에서 $f(1)=e$, $f'(1)=2e$이므로

$x=1$을 조건 (나)의 $g(f(x))=x+\ln x$에 대입하면

$$g(f(1))=g(e)=1$$

즉, $g^{-1}(1)=e$

조건 (나)에서 $g(f(x))=x+\ln x$의 양변을 x에 대하여 미분하면

$$g'(f(x))f'(x)=1+\frac{1}{x}$$ ······ ㉠

$x=1$을 ㉠의 양변에 대입하면

$$g'(f(1))f'(1)=2$$

조건 (가)에 의하여 $g'(e)\times 2e=2$

즉, $g'(e)=\frac{1}{e}$

따라서

$$h'(1)=f'(1)\times g^{-1}(1)+f(1)\times\frac{1}{g'(g^{-1}(1))}$$
$$=2e\times e+e\times\frac{1}{g'(e)}$$
$$=2e\times e+e\times e=3e^2$$

7

$f(x)=(x^3+4)e^{-x}$에서

$$f'(x)=3x^2e^{-x}+(x^3+4)(-e^{-x})$$
$$=-(x^3-3x^2+4)e^{-x}$$
$$=-(x+1)(x-2)^2e^{-x}$$

$f'(x)=0$에서

$x=-1$ 또는 $x=2$

그러므로 함수 $f(x)$의 증가와 감소를 표로 나타내면 다음과 같다.

x	$\cdots$	-1	$\cdots$	2	$\cdots$
$f'(x)$	$+$	0	$-$	0	$-$
$f(x)$	↗	극대	↘		↘

이때 $\lim\limits_{x\to-\infty}f(x)=\lim\limits_{x\to-\infty}(x^3+4)e^{-x}=-\infty$이므로

함수 $y=f(x)$의 그래프는 다음 그림과 같다.

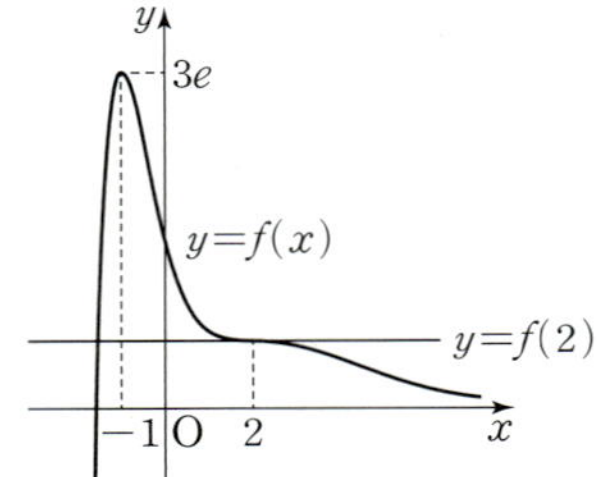

이때 함수 $y=|f(x)-f(k)|$의 그래프는 곡선 $y=f(x)$를 y축의 방향으로 $-f(k)$만큼 평행이동한 후, x축보다 아래에 있는 부분을 x축에 대하여 대칭이동한 것이다.

그러므로 곡선 $y=f(x)-f(k)$가 x축과 $x=\alpha$에서 만날 때 $f'(\alpha)=0$이면 함수 $|f(x)-f(k)|$는 $x=\alpha$에서 미분가능하고, $f'(\alpha)\neq 0$이면 함수 $|f(x)-f(k)|$는 $x=\alpha$에서 미분가능하지 않다.

따라서 함수 $|f(x)-f(k)|$가 $x=\alpha$에서 미분가능하지 않은 실수 α의 개수 a_k는

$$a_k=\begin{cases}1\,(k=2)\\2\,(k\neq 2)\end{cases}$$

이므로

$$\sum_{k=1}^{10}ka_k=a_1+2a_2+\sum_{k=3}^{10}ka_k$$
$$=2+2\times 1+\sum_{k=3}^{10}2k$$
$$=4+2(3+4+\cdots+10)$$
$$=4+2\times\frac{8(3+10)}{2}$$
$$=108$$

8

$$\int_{\frac{\pi}{4}}^{\frac{\pi}{2}}\frac{\sin x-\cos x}{\sin x+\cos x}dx=-\int_{\frac{\pi}{4}}^{\frac{\pi}{2}}\frac{\cos x-\sin x}{\sin x+\cos x}dx$$
$$=-\int_{\frac{\pi}{4}}^{\frac{\pi}{2}}\frac{(\sin x+\cos x)'}{\sin x+\cos x}dx$$
$$=-\Big[\ln|\sin x+\cos x|\,\Big]_{\frac{\pi}{4}}^{\frac{\pi}{2}}$$
$$=-(-\ln\sqrt{2})$$
$$=\ln\sqrt{2}=\frac{1}{2}\ln 2$$

9

$g(x)=\displaystyle\int_a^x f(t)\,dt$의 양변을 x에 대하여 미분하면 $g'(x)=f(x)$

조건 (가)에서 $g'(1)=0$이므로 $f(1)=\ln 2-\ln(a^2+1)=0$

$a^2+1=2$에서 $a=1$ 또는 $a=-1$

$f(x)=\ln(x^2+1)-\ln 2$에서 $f'(x)=\dfrac{2x}{x^2+1}$

이므로 함수 $f(x)$의 증가와 감소를 표로 나타내면 다음과 같다.

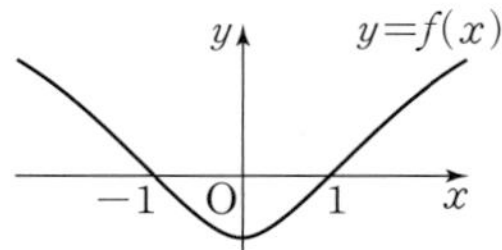

x	$\cdots$	0	$\cdots$
$f'(x)$	$-$	0	$+$
$f(x)$	$\searrow$	극소	$\nearrow$

이때 $f(-1)=0$, $f(1)=0$이므로 $g'(-1)=0$, $g'(1)=0$

(i) $a=-1$일 때,

$g'(-1)=0$, $g(-1)=0$이므로

어떤 양의 실수 α에 대하여

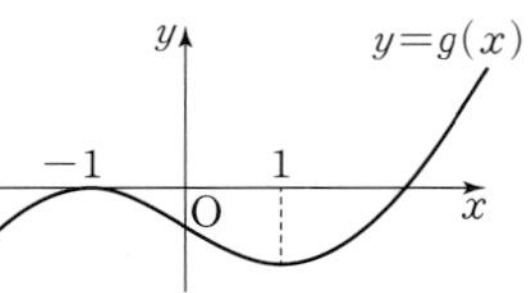

$\displaystyle\int_{-1}^{\alpha} g(t)\,dt=0$이라 하면 방정식

$\displaystyle\int_{-1}^{x} g(t)\,dt=0$의 서로 다른 모든 실근의 합은 $\alpha-1$이고, $\alpha>1$에

서 $\alpha+(-1)>0$이 되어 조건 (나)를 만족시키지 않는다.

(ii) $a=1$일 때,

$g'(1)=0$, $g(1)=0$이므로

어떤 음의 실수 β에 대하여

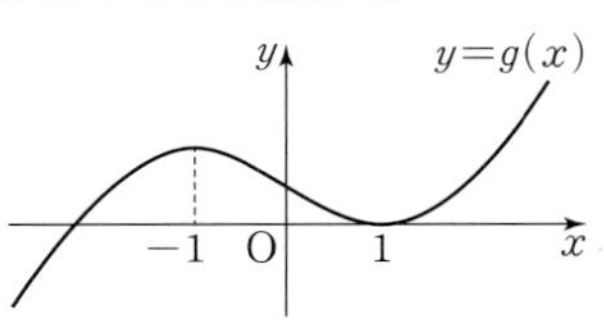

$\displaystyle\int_{1}^{\beta} g(t)\,dt=0$이라 하면 방정식

$\displaystyle\int_{1}^{x} g(t)\,dt=0$의 서로 다른 모든 실근의 합은 $\beta+1$이고, $\beta<-1$

에서 $\beta+1<0$이므로 조건 (나)를 만족시킨다.

따라서 $a=1$이므로 $x^2+1=t$로 놓으면 $2x=\dfrac{dt}{dx}$

$x=1$일 때 $t=2$, $x=2$일 때 $t=5$이므로

$$\begin{aligned}
\int_1^2 xg'(x)\,dx &=\int_1^2 xf(x)\,dx\\
&=\int_1^2 x\{\ln(x^2+1)-\ln 2\}\,dx\\
&=\frac{1}{2}\int_2^5 (\ln t-\ln 2)\,dt\\
&=\frac{1}{2}\Big[t\ln t-t-t\ln 2\Big]_2^5\\
&=\frac{1}{2}\{(5\ln 5-5-5\ln 2)-(2\ln 2-2-2\ln 2)\}\\
&=\frac{1}{2}\Big(5\ln\frac{5}{2}-3\Big)\\
&=\frac{5}{2}\ln\frac{5}{2}-\frac{3}{2}
\end{aligned}$$

즉, $p=\dfrac{5}{2}$, $q=\dfrac{3}{2}$이므로

$40pq=40\times\dfrac{5}{2}\times\dfrac{3}{2}=150$

10

곡선 $y=f(x)$와 직선 $y=t$는 그림과 같다.

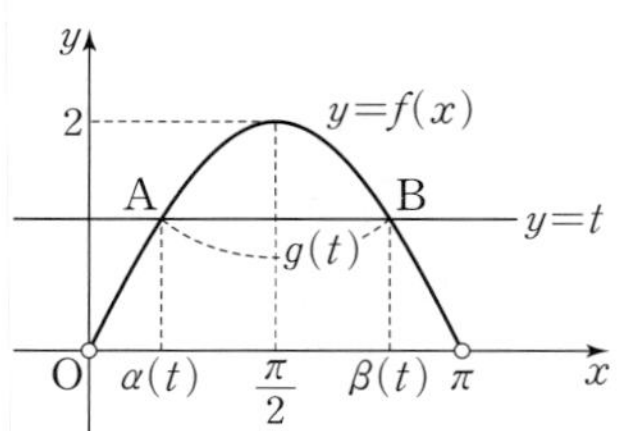

곡선 $y=f(x)$와 직선 $y=t$의 두 교점 A, B의 x좌표를 각각 $\alpha(t)$, $\beta(t)$ $(\alpha(t)<\beta(t))$라 하면

$0<\alpha(t)<\dfrac{\pi}{2}$, $\dfrac{\pi}{2}<\beta(t)<\pi$이고

$f(\alpha(t))=t$, $f(\beta(t))=t$

또 곡선 $y=f(x)$가 직선 $x=\dfrac{\pi}{2}$에 대하여 대칭이므로

$\alpha(t)+\beta(t)=\pi$, 즉 $\beta(t)=\pi-\alpha(t)$

한편 $f(x)=2\sin x$에서 $f'(x)=2\cos x$

$f(\alpha(t))=t$의 양변을 t에 대하여 미분하면

$f'(\alpha(t))\alpha'(t)=1$

$\alpha'(t)=\dfrac{1}{f'(\alpha(t))}=\dfrac{1}{2\cos\alpha(t)}$

$f(\beta(t))=t$의 양변을 t에 대하여 미분하면

$f'(\beta(t))\beta'(t)=1$

$$\begin{aligned}
\beta'(t)&=\frac{1}{f'(\beta(t))}=\frac{1}{2\cos\beta(t)}\\
&=\frac{1}{2\cos(\pi-\alpha(t))}\\
&=-\frac{1}{2\cos\alpha(t)}
\end{aligned}$$

이때 $g(t)=\beta(t)-\alpha(t)$이므로

$$\begin{aligned}
g'(t)&=\beta'(t)-\alpha'(t)\\
&=-\frac{1}{2\cos\alpha(t)}-\frac{1}{2\cos\alpha(t)}\\
&=-\frac{1}{\cos\alpha(t)}
\end{aligned}$$

이고 $g'(t)=-2$에서

$-\dfrac{1}{\cos\alpha(t)}=-2$

$\cos\alpha(t)=\dfrac{1}{2}$

$0<\alpha(t)<\dfrac{\pi}{2}$이므로 $\alpha(t)=\dfrac{\pi}{3}$

그러므로 $k=f\Big(\dfrac{\pi}{3}\Big)=2\sin\dfrac{\pi}{3}=\sqrt{3}$

이때 $\mathrm{A}\Big(\dfrac{\pi}{3},\ \sqrt{3}\Big)$, $\mathrm{B}\Big(\dfrac{2}{3}\pi,\ \sqrt{3}\Big)$이고 두 점 A, B에서 각각 곡선 $y=f(x)$에 그은 접선은 직선 $x=\dfrac{\pi}{2}$에 대하여 대칭이므로 구하는 넓이는 곡선 $y=f(x)$ 위의 점 A에서의 접선과 곡선 $y=f(x)$ 및 직선 $x=\dfrac{\pi}{2}$로 둘러싸인 부분의 넓이의 2배와 같다.

먼저 $f'\Big(\dfrac{\pi}{3}\Big)=2\cos\dfrac{\pi}{3}=1$이므로 곡선 $y=f(x)$ 위의 점 $\mathrm{A}\Big(\dfrac{\pi}{3},\ \sqrt{3}\Big)$에서의 접선의 방정식은

$$y-\sqrt{3}=x-\frac{\pi}{3}, \ \text{즉} \ y=x-\frac{\pi}{3}+\sqrt{3}$$

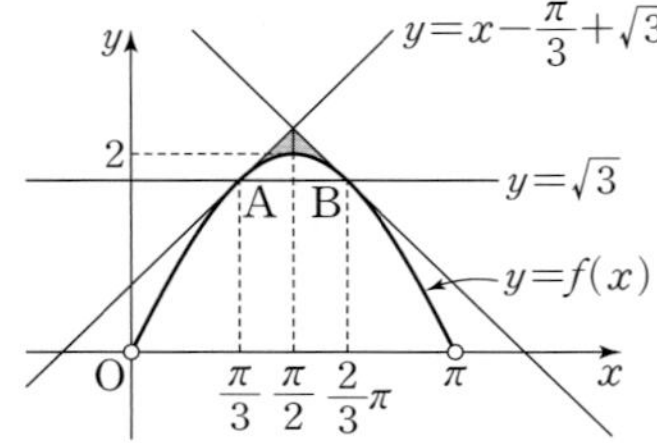

따라서 구하는 넓이를 S라 하면

$$S=2\int_{\frac{\pi}{3}}^{\frac{\pi}{2}}\left\{\left(x-\frac{\pi}{3}+\sqrt{3}\right)-2\sin x\right\}dx$$

$$=2\int_{\frac{\pi}{3}}^{\frac{\pi}{2}}\left\{x-2\sin x-\left(\frac{\pi}{3}-\sqrt{3}\right)\right\}dx$$

$$=2\left[\frac{1}{2}x^2+2\cos x-\left(\frac{\pi}{3}-\sqrt{3}\right)x\right]_{\frac{\pi}{3}}^{\frac{\pi}{2}}$$

$$=2\left\{\left(\frac{\pi^2}{8}-\frac{\pi^2}{6}+\frac{\sqrt{3}}{2}\pi\right)-\left(\frac{\pi^2}{18}+1-\frac{\pi^2}{9}+\frac{\sqrt{3}}{3}\pi\right)\right\}$$

$$=2\left(\frac{\pi^2}{72}+\frac{\sqrt{3}}{6}\pi-1\right)$$

$$=\frac{\pi^2}{36}+\frac{\sqrt{3}}{3}\pi-2$$

10회 미니모의고사

본문 40~43쪽

1 ②	**2** ④	**3** ②	**4** ③
5 ②	**6** ①	**7** 31	**8** ⑤
9 ①	**10** 16		

1

$$\lim_{n\to\infty}\frac{\sqrt{n+1}-\sqrt{n}}{\sqrt{n+2}-\sqrt{n}}$$

$$=\lim_{n\to\infty}\frac{(\sqrt{n+1}-\sqrt{n})(\sqrt{n+1}+\sqrt{n})(\sqrt{n+2}+\sqrt{n})}{(\sqrt{n+2}-\sqrt{n})(\sqrt{n+1}+\sqrt{n})(\sqrt{n+2}+\sqrt{n})}$$

$$=\lim_{n\to\infty}\frac{\sqrt{n+2}+\sqrt{n}}{2(\sqrt{n+1}+\sqrt{n})}$$

$$=\lim_{n\to\infty}\frac{\sqrt{1+\dfrac{2}{n}}+1}{2\left(\sqrt{1+\dfrac{1}{n}}+1\right)}$$

$$=\frac{1+1}{2(1+1)}=\frac{1}{2}$$

2

n이 홀수일 때 $n=2k+1 \ (k=0, 1, 2, \cdots)$라 하면 $3n=6k+3$이므로 $3n$을 6으로 나눈 나머지는 3이다.

n이 짝수일 때 $n=2k \ (k=1, 2, 3, \cdots)$이라 하면 $3n=6k$이므로 $3n$을 6으로 나눈 나머지는 0이다.

따라서

$$\sum_{n=1}^{\infty}\frac{a_n}{3^n}=\frac{3}{3}+\frac{0}{3^2}+\frac{3}{3^3}+\frac{0}{3^4}+\cdots$$

$$=\frac{3}{3}+\frac{3}{3^3}+\frac{3}{3^5}+\cdots$$

$$=\frac{\dfrac{3}{3}}{1-\left(\dfrac{1}{3}\right)^2}=\frac{1}{1-\dfrac{1}{9}}=\frac{9}{8}$$

3

그림과 같이 원 C_2의 중심을 O′, 두 원 C_1, C_2가 만나는 두 점을 A, B라 하고, 선분 AB의 중점을 M, 선분 OA의 중점을 N이라 하자.

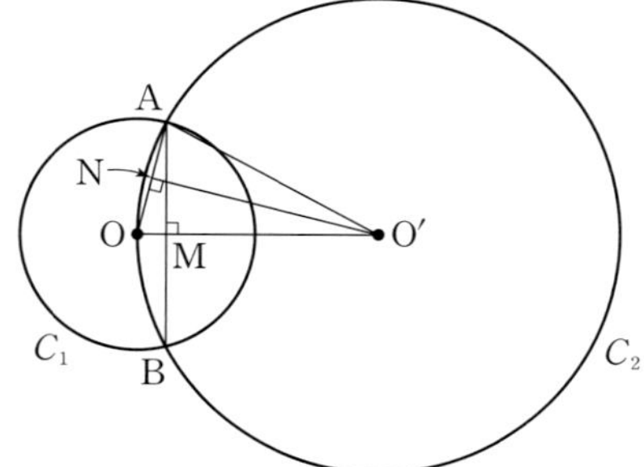

이때 $\overline{OM}\perp\overline{AB}$, $\overline{O'M}\perp\overline{AB}$이므로 세 점 O, M, O′은 한 직선 위에 있다.

또 삼각형 O′AO는 $\overline{O'A}=\overline{O'O}=3n-1$인 이등변삼각형이므로

$\overline{O'N} \perp \overline{OA}$이고, 직각삼각형 O'AN에서
$$\overline{O'N} = \sqrt{\overline{O'A}^2 - \overline{AN}^2}$$
$$= \sqrt{(3n-1)^2 - \left(\frac{n}{2}\right)^2}$$
$$= \sqrt{\frac{35}{4}n^2 - 6n + 1}$$

삼각형 O'AO의 넓이에서
$$\frac{1}{2} \times \overline{OO'} \times \overline{AM} = \frac{1}{2} \times \overline{OA} \times \overline{O'N}$$
즉, $\overline{OO'} \times \frac{1}{2}f(n) = \overline{OA} \times \overline{O'N}$이므로
$$f(n) = \frac{2 \times \overline{OA} \times \overline{O'N}}{\overline{OO'}}$$
$$= \frac{2n\sqrt{\dfrac{35}{4}n^2 - 6n + 1}}{3n-1}$$
$$= \frac{n\sqrt{35n^2 - 24n + 4}}{3n-1}$$

이때
$$\lim_{n \to \infty} \frac{f(n)}{\sqrt{an^b + 1}} = \lim_{n \to \infty} \frac{n\sqrt{35n^2 - 24n + 4}}{(3n-1)\sqrt{an^b + 1}} = \frac{\sqrt{7}}{3}$$
이므로 $a \neq 0$, $b = 2$이어야 하고
$$\lim_{n \to \infty} \frac{n\sqrt{35n^2 - 24n + 4}}{(3n-1)\sqrt{an^2 + 1}} = \lim_{n \to \infty} \frac{\sqrt{35 - \dfrac{24}{n} + \dfrac{4}{n^2}}}{\left(3 - \dfrac{1}{n}\right)\sqrt{a + \dfrac{1}{n^2}}}$$
$$= \frac{\sqrt{35}}{3\sqrt{a}}$$
이므로 $\dfrac{\sqrt{35}}{3\sqrt{a}} = \dfrac{\sqrt{7}}{3}$
에서 $a = 5$
따라서 $a + b = 5 + 2 = 7$

4

$$\lim_{x \to 0} \frac{\ln(1 + 3x + 2x^2)}{x} = \lim_{x \to 0} \frac{\ln\{(1+x)(1+2x)\}}{x}$$
$$= \lim_{x \to 0} \left\{ \frac{\ln(1+x)}{x} + \frac{\ln(1+2x)}{x} \right\}$$
$$= \lim_{x \to 0} \frac{\ln(1+x)}{x} + 2\lim_{x \to 0} \frac{\ln(1+2x)}{2x}$$
$$= 1 + 2 \times 1 = 3$$

5

$f(x) = e^{ax} - 1$, $g(x) = \ln(x^2 + b)$에서
$f(0) = e^0 - 1 = 1 - 1 = 0$,
$g(0) = \ln(0 + b) = \ln b$
이므로 $f(0) = g(0)$에서
$\ln b = 0$, $b = 1$
이때 합성함수의 미분법에 의하여
$f'(x) = e^{ax}(ax)' = ae^{ax}$,
$g'(x) = \dfrac{(x^2 + 1)'}{x^2 + 1} = \dfrac{2x}{x^2 + 1}$
이므로

$f'(0) = ae^0 = a$, $g'(0) = 0$
$f'(0) + g'(0) = 1$에서
$a + 0 = 1$
$a = 1$
따라서
$a + b = 1 + 1 = 2$

6

$x = \cos t + t \sin t$에서
$$\frac{dx}{dt} = -\sin t + (\sin t + t \cos t) = t \cos t$$
$y = \sin t - t \cos t$에서
$$\frac{dy}{dt} = \cos t - (\cos t - t \sin t) = t \sin t$$
이므로 시각 t에서의 점 P의 속력은
$$\sqrt{\left(\frac{dx}{dt}\right)^2 + \left(\frac{dy}{dt}\right)^2} = \sqrt{(t \cos t)^2 + (t \sin t)^2}$$
$$= \sqrt{t^2 \cos^2 t + t^2 \sin^2 t}$$
$$= \sqrt{t^2(\cos^2 t + \sin^2 t)} = t$$
따라서 점 P의 속력이 π가 되는 시각은 $t = \pi$이므로 이때 점 P의 위치는
$x = \cos \pi + \pi \sin \pi = -1$, $y = \sin \pi - \pi \cos \pi = \pi$
즉, 점 $P(-1, \pi)$이므로 직선 OP의 기울기는
$$\frac{\pi - 0}{-1 - 0} = -\pi$$

7

$f(x) = \pi(x - \ln x) + \cos \pi x$에서
$$f'(x) = \pi\left(1 - \frac{1}{x}\right) - \pi \sin \pi x = \pi\left(1 - \frac{1}{x} - \sin \pi x\right)$$

함수 $y = 1 - \dfrac{1}{x}$의 그래프는 점 $(1, 0)$을 지나면서 점근선의 방정식이 $x = 0$, $y = 1$이고, 함수 $y = \sin \pi x$의 주기는 2이다.

두 함수 $y = 1 - \dfrac{1}{x}$, $y = \sin \pi x \ (x > 0)$의 그래프는 그림과 같다.

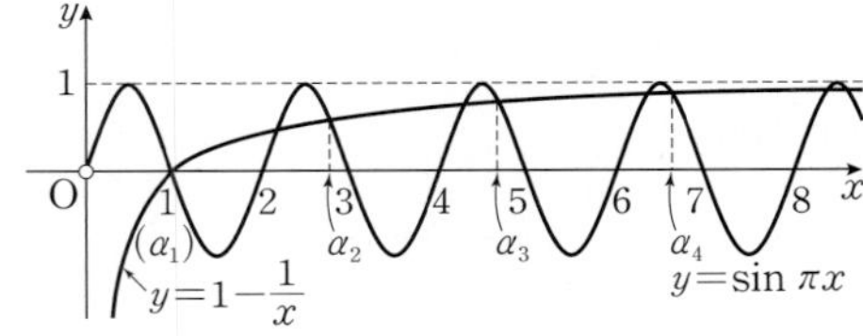

함수 $f(x)$가 미분가능하므로 함수 $f(x)$가 $x = \alpha \ (\alpha > 0)$에서 극소이면 $f'(\alpha) = 0$이고, $f'(x)$의 부호가 $x = \alpha$의 좌우에서 음에서 양으로 바뀐다.

그림과 같이 함수 $f(x)$가 $x = \alpha$에서 극소가 되는 α의 값을 작은 것부터 차례로 나열한 것을 $\alpha_1, \alpha_2, \alpha_3, \alpha_4, \cdots$라 하자.

열린구간 $(0, 2)$에서 함수 $f(x)$는 $x = \alpha_1(=1)$에서 극소이고, 자연수 k에 대하여 열린구간 $(2k, 2k+1)$에서 함수 $f(x)$는 $x = \alpha_{k+1}$에서 극소이므로 함수 $f(x)$가 극소가 되는 x의 개수가 $k+1$이 되도록 하는 열린구간은 $(0, 2k+1)$ 또는 $(0, 2k+2)$이다.

따라서 극소가 되는 x의 개수가 $8=7+1$이 되는 열린구간은 $(0,\ 15)$ 또는 $(0,\ 16)$이므로 조건을 만족시키는 자연수 n의 최솟값은 15, 최댓값은 16이다.

즉, $a=15$, $b=16$이므로 $a+b=15+16=31$

8

$|2^x-4|=\begin{cases}4-2^x & (x<2)\\ 2^x-4 & (x\geq2)\end{cases}$ 이므로

$\displaystyle\int_0^4 |2^x-4|\,dx$

$\displaystyle=\int_0^2 (4-2^x)\,dx+\int_2^4 (2^x-4)\,dx$

$\displaystyle=\left[4x-\frac{2^x}{\ln 2}\right]_0^2+\left[\frac{2^x}{\ln 2}-4x\right]_2^4$

$\displaystyle=\left(8-\frac{4}{\ln 2}\right)-\left(-\frac{1}{\ln 2}\right)+\left(\frac{16}{\ln 2}-16\right)-\left(\frac{4}{\ln 2}-8\right)$

$\displaystyle=\frac{9}{\ln 2}$

9

선분 AB와 선분 PQ가 만나는 점을 H라 하자.

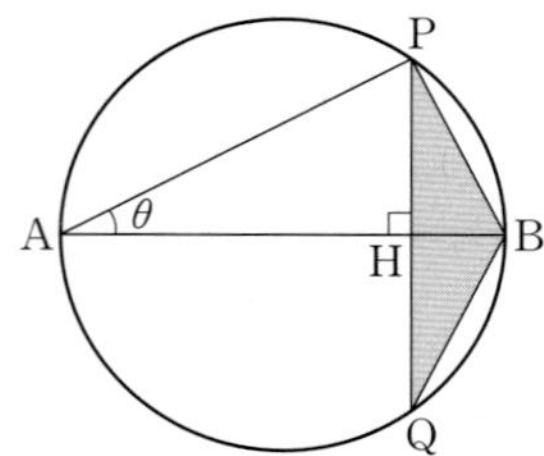

삼각형 ABP는 $\angle\mathrm{APB}=\dfrac{\pi}{2}$인 직각삼각형이므로

$\overline{\mathrm{AP}}=2\cos\theta$

삼각형 AHP는 직각삼각형이므로

$\overline{\mathrm{AH}}=\overline{\mathrm{AP}}\cos\theta=2\cos^2\theta$

그러므로 $\overline{\mathrm{BH}}=2-2\cos^2\theta=2\sin^2\theta$

또한 $\overline{\mathrm{PH}}=\overline{\mathrm{AP}}\sin\theta=2\sin\theta\cos\theta$이므로

$\overline{\mathrm{PQ}}=2\overline{\mathrm{PH}}=4\sin\theta\cos\theta$

$S(\theta)=\dfrac{1}{2}\times\overline{\mathrm{PQ}}\times\overline{\mathrm{BH}}=\dfrac{1}{2}\times4\sin\theta\cos\theta\times2\sin^2\theta$

$\qquad=4\sin^3\theta\cos\theta$

이므로 $\displaystyle\int_{\frac{\pi}{6}}^{\frac{\pi}{3}} S(\theta)\,d\theta=\int_{\frac{\pi}{6}}^{\frac{\pi}{3}} 4\sin^3\theta\cos\theta\,d\theta$

$\sin\theta=t$로 놓으면 $\cos\theta=\dfrac{dt}{d\theta}$이고

$\theta=\dfrac{\pi}{6}$일 때 $t=\dfrac{1}{2}$, $\theta=\dfrac{\pi}{3}$일 때 $t=\dfrac{\sqrt{3}}{2}$이므로

$\displaystyle\int_{\frac{\pi}{6}}^{\frac{\pi}{3}} 4\sin^3\theta\cos\theta\,d\theta=\int_{\frac{1}{2}}^{\frac{\sqrt{3}}{2}} 4t^3\,dt=\left[t^4\right]_{\frac{1}{2}}^{\frac{\sqrt{3}}{2}}=\frac{9}{16}-\frac{1}{16}=\frac{1}{2}$

10

${\{f(x)\}}^2-xf(x)f'(x)=x^4e^{-x}$에서

$x>0$, $f(x)>0$이므로 양변에 $\dfrac{1}{f(x)}$을 곱하면

$f(x)-xf'(x)=\dfrac{x^4e^{-x}}{f(x)}$

$\dfrac{f(x)-xf'(x)}{x^2}=\dfrac{x^2e^{-x}}{f(x)}$

$\dfrac{xf'(x)-f(x)}{x^2}=-\dfrac{x^2e^{-x}}{f(x)}$

그런데 $\dfrac{d}{dx}\left\{\dfrac{f(x)}{x}\right\}=\dfrac{xf'(x)-f(x)}{x^2}$이므로

$\dfrac{d}{dx}\left\{\dfrac{f(x)}{x}\right\}=-\dfrac{x^2e^{-x}}{f(x)}$ $\qquad$ …… ㉠

한편, $\displaystyle\int_1^2 \dfrac{e^{2x}\{f(2x)\}^3}{x^3}\,dx$에서 $2x=t$로 놓으면

$x=1$일 때 $t=2$, $x=2$일 때 $t=4$이고,

$2=\dfrac{dt}{dx}$이므로

$\displaystyle\int_1^2 \dfrac{e^{2x}\{f(2x)\}^3}{x^3}\,dx=\int_2^4 \dfrac{8e^t\{f(t)\}^3}{2t^3}\,dt$

$\displaystyle\qquad\qquad=4\int_2^4 e^t\left\{\dfrac{f(t)}{t}\right\}^3\,dt$

이때 $\displaystyle\int_2^4 e^t\left\{\dfrac{f(t)}{t}\right\}^3\,dt$에서

$u(t)=\left\{\dfrac{f(t)}{t}\right\}^3$, $v'(t)=e^t$으로 놓으면 ㉠에서

$u'(t)=3\left\{\dfrac{f(t)}{t}\right\}^2\times\left\{-\dfrac{t^2e^{-t}}{f(t)}\right\}$

$\qquad=-3f(t)e^{-t}$

이고, $v(t)=e^t$이므로

$\displaystyle\int_2^4 e^t\left\{\dfrac{f(t)}{t}\right\}^3\,dt=\left[\left\{\dfrac{f(t)}{t}\right\}^3 e^t\right]_2^4+3\int_2^4 f(t)\,dt$

$\displaystyle\qquad\qquad=\frac{\{f(4)\}^3 e^4}{64}-\frac{\{f(2)\}^3 e^2}{8}+3\int_2^4 f(t)\,dt$

따라서

$\displaystyle\int_1^2 \dfrac{e^{2x}\{f(2x)\}^3}{x^3}\,dx$

$\displaystyle=4\int_2^4 e^t\left\{\dfrac{f(t)}{t}\right\}^3\,dt$

$\displaystyle=\frac{e^4}{16}\times\{f(4)\}^3-\frac{e^2}{2}\times\{f(2)\}^3+12\int_2^4 f(t)\,dt$

이므로

$\displaystyle\int_1^2 \dfrac{e^{2x}\{f(2x)\}^3}{x^3}\,dx-12\int_2^4 f(x)\,dx$

$\displaystyle=\frac{e^4}{16}\times\{f(4)\}^3-\frac{e^2}{2}\times\{f(2)\}^3$

즉, $m=16$

1 ⑤	**2** ③	**3** ③	**4** ①
5 ③	**6** ②	**7** 11	**8** ④
9 ①	**10** 587		

1

$$\lim_{n\to\infty}\frac{n-1}{3n+1}=\lim_{n\to\infty}\frac{1-\dfrac{1}{n}}{3+\dfrac{1}{n}}$$
$$=\frac{1}{3}$$

이므로 $a=\dfrac{1}{3}$

따라서

$$\lim_{n\to\infty}\frac{a^{-n}+4}{a^{2-n}+1}=\lim_{n\to\infty}\frac{\left(\dfrac{1}{3}\right)^{-n}+4}{\left(\dfrac{1}{3}\right)^{2-n}+1}$$
$$=\lim_{n\to\infty}\frac{3^n+4}{3^{n-2}+1}$$
$$=\lim_{n\to\infty}\frac{9+\dfrac{4}{3^{n-2}}}{1+\dfrac{1}{3^{n-2}}}$$
$$=9$$

2

원점 O에 대하여
$$\overline{OA}=2^n,\ \overline{OB}=3^n$$
이고 직선 AB가 x축에 수직이므로 직각삼각형 OAB에서
$$\overline{AB}=\sqrt{9^n-4^n}$$
$\overline{AC}=3^n+2^n$이므로 직각삼각형 ABC에서
$$\overline{BC}=\sqrt{\overline{AB}^2+\overline{AC}^2}$$
$$=\sqrt{(9^n-4^n)+(3^n+2^n)^2}$$
$$=\sqrt{2\times9^n+2\times6^n}$$

따라서
$$f(n)=\sqrt{2\times9^n+2\times6^n}$$
이므로
$$\lim_{n\to\infty}\frac{f(n+1)}{f(n)}=\lim_{n\to\infty}\frac{\sqrt{2\times9^{n+1}+2\times6^{n+1}}}{\sqrt{2\times9^n+2\times6^n}}$$
$$=\lim_{n\to\infty}\frac{\sqrt{18+12\times\left(\dfrac{2}{3}\right)^n}}{\sqrt{2+2\times\left(\dfrac{2}{3}\right)^n}}$$
$$=\frac{3\sqrt{2}}{\sqrt{2}}$$
$$=3$$

3

$$\sum_{n=1}^{\infty}a_{2n+3}=a_5+a_7+a_9+\cdots$$
$$=\sum_{n=1}^{\infty}\frac{p}{(2n+3)(2n+5)}$$

에서 급수 $\displaystyle\sum_{n=1}^{\infty}a_{2n+3}$의 제$n$항까지의 부분합을 S_n이라 하면

$$S_n=\sum_{k=1}^{n}\frac{p}{(2k+3)(2k+5)}$$
$$=\frac{p}{2}\sum_{k=1}^{n}\left(\frac{1}{2k+3}-\frac{1}{2k+5}\right)$$
$$=\frac{p}{2}\left\{\left(\frac{1}{5}-\frac{1}{7}\right)+\left(\frac{1}{7}-\frac{1}{9}\right)+\cdots+\left(\frac{1}{2n+3}-\frac{1}{2n+5}\right)\right\}$$
$$=\frac{p}{2}\left(\frac{1}{5}-\frac{1}{2n+5}\right)$$

이므로

$$\sum_{n=1}^{\infty}a_{2n+3}=\lim_{n\to\infty}S_n=\lim_{n\to\infty}\frac{p}{2}\left(\frac{1}{5}-\frac{1}{2n+5}\right)$$
$$=\frac{p}{2}\left(\frac{1}{5}-0\right)=\frac{p}{10}$$

$$\sum_{n=1}^{\infty}a_{2n+4}=a_6+a_8+a_{10}+\cdots$$
$$=\sum_{n=1}^{\infty}2^{-2n-4}$$
$$=\sum_{n=1}^{\infty}\left\{\frac{1}{16}\times\left(\frac{1}{4}\right)^n\right\}$$

에서 급수 $\displaystyle\sum_{n=1}^{\infty}a_{2n+4}$는 첫째항이 $\dfrac{1}{64}$이고 공비가 $\dfrac{1}{4}$인 등비급수이므로

$$\sum_{n=1}^{\infty}a_{2n+4}=\frac{\dfrac{1}{64}}{1-\dfrac{1}{4}}=\frac{1}{48}$$

급수 $\displaystyle\sum_{n=5}^{\infty}a_n$의 제$n$항까지의 부분합을 T_n이라 하면

$$\lim_{n\to\infty}T_{2n}=\lim_{n\to\infty}\sum_{k=1}^{n}(a_{2k+3}+a_{2k+4})$$
$$=\frac{p}{10}+\frac{1}{48}$$
$$\lim_{n\to\infty}T_{2n-1}=\lim_{n\to\infty}(T_{2n}-a_{2n+4})$$
$$=\lim_{n\to\infty}T_{2n}-\lim_{n\to\infty}\left(\frac{1}{2}\right)^{2n+4}$$
$$=\frac{p}{10}+\frac{1}{48}-0$$
$$=\frac{p}{10}+\frac{1}{48}$$

이고 $\displaystyle\lim_{n\to\infty}T_n=\frac{1}{12}$에서 $\displaystyle\lim_{n\to\infty}T_{2n}=\lim_{n\to\infty}T_{2n-1}=\frac{1}{12}$이므로

$$\frac{p}{10}+\frac{1}{48}=\frac{1}{12},\ \frac{p}{10}=\frac{1}{16}$$

따라서 $p=\dfrac{5}{8}$

4

$$\lim_{x\to0}\frac{\log_5(1+x^2)}{x(5^x-1)}=\lim_{x\to0}\left\{\frac{\log_5(1+x^2)}{x^2}\times\frac{x}{5^x-1}\right\}$$
$$=\frac{1}{\ln 5}\times\frac{1}{\ln 5}$$
$$=\frac{1}{(\ln 5)^2}$$

5

$2\cos\alpha=\sin\alpha$이고, 이때 $\cos\alpha\neq0$이므로 양변을 $\cos\alpha$로 나누면

$2=\dfrac{\sin\alpha}{\cos\alpha}$, 즉 $\tan\alpha=2$

한편, $\tan(\alpha+\beta)=3$이므로

$\tan(\alpha+\beta)=\dfrac{\tan\alpha+\tan\beta}{1-\tan\alpha\tan\beta}$

$\qquad\qquad=\dfrac{2+\tan\beta}{1-2\tan\beta}=3$

$2+\tan\beta=3-6\tan\beta$, $7\tan\beta=1$

따라서 $\tan\beta=\dfrac{1}{7}$

6

$f(t)=e^{t-1}+t$, $g(t)=\ln\dfrac{t^2+1}{2}$이라 하면

$\dfrac{dx}{dt}=f'(t)=e^{t-1}+1$

$\dfrac{dy}{dt}=g'(t)=\dfrac{\dfrac{2t}{2}}{\dfrac{t^2+1}{2}}=\dfrac{2t}{t^2+1}$

$t=1$일 때

$x=f(1)=e^0+1=2$

$y=g(1)=\ln\dfrac{1+1}{2}=0$

$\dfrac{dy}{dx}=\dfrac{\dfrac{dy}{dt}}{\dfrac{dx}{dt}}=\dfrac{\dfrac{2t}{t^2+1}}{e^{t-1}+1}=\dfrac{2t}{(t^2+1)(e^{t-1}+1)}$이므로

$\dfrac{g'(1)}{f'(1)}=\dfrac{1}{2}$

그러므로 $t=1$에 대응하는 점 $(2,\ 0)$에서의 접선의 방정식은

$y=\dfrac{1}{2}(x-2)$

따라서 $\mathrm{A}(2,\ 0)$, $\mathrm{B}(0,\ -1)$이고, 삼각형 AOB의 넓이는

$\dfrac{1}{2}\times\overline{\mathrm{OA}}\times\overline{\mathrm{OB}}=\dfrac{1}{2}\times2\times1=1$

7

$g(x)=\sin(\pi\cos x)$라 하면

$g'(x)=\cos(\pi\cos x)\times(\pi\cos x)'$

$\qquad=\cos(\pi\cos x)\times(-\pi\sin x)$

$g'(x)=0$에서

$\cos(\pi\cos x)=0$ 또는 $\sin x=0$

$-\pi\leq\pi\cos x\leq\pi$이므로

$\cos(\pi\cos x)=0$에서

$\pi\cos x=-\dfrac{\pi}{2}$ 또는 $\pi\cos x=\dfrac{\pi}{2}$

즉, $\cos x=-\dfrac{1}{2}$ 또는 $\cos x=\dfrac{1}{2}$

이때 $-\pi\leq x\leq\pi$이므로

$x=-\dfrac{2}{3}\pi,\ -\dfrac{\pi}{3},\ \dfrac{\pi}{3},\ \dfrac{2}{3}\pi$

또 $\sin x=0$에서

$x=-\pi,\ 0,\ \pi$

$-\pi\leq x\leq\pi$에서 함수 $g(x)$의 증가와 감소를 표로 나타내면 다음과 같다.

x	$-\pi$	$\cdots$	$-\dfrac{2}{3}\pi$	$\cdots$	$-\dfrac{\pi}{3}$	$\cdots$	0
$g'(x)$		$-$	0	$+$	0	$-$	0
$g(x)$	0	$\searrow$	-1	$\nearrow$	1	$\searrow$	0

x	$\cdots$	$\dfrac{\pi}{3}$	$\cdots$	$\dfrac{2}{3}\pi$	$\cdots$	π
$g'(x)$	$+$	0	$-$	0	$+$	
$g(x)$	$\nearrow$	1	$\searrow$	-1	$\nearrow$	0

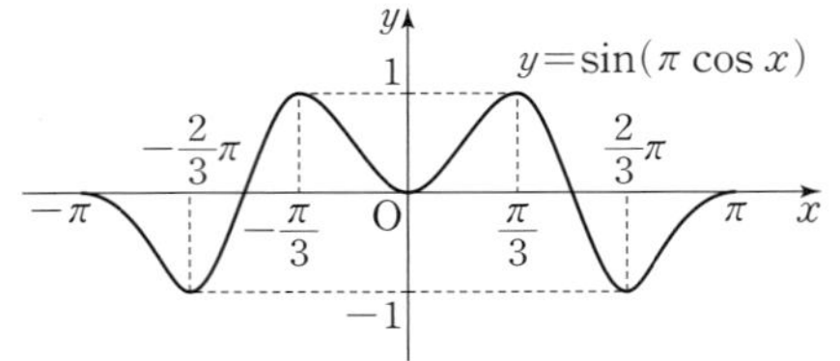

한편, 방정식 $\sin(\pi\cos x)=t$의 서로 다른 실근의 개수는 함수 $y=g(x)$의 그래프와 직선 $y=t$가 만나는 서로 다른 점의 개수와 같으므로

$$f(t)=\begin{cases}0\ (t<-1\ \text{또는}\ t>1)\\2\ (t=-1\ \text{또는}\ t=1)\\4\ (-1<t<0\ \text{또는}\ 0<t<1)\\5\ (t=0)\end{cases}$$

따라서 함수 $f(t)$의 치역은

$\{0,\ 2,\ 4,\ 5\}$

이므로 치역의 모든 원소의 합은

$0+2+4+5=11$

참고

$g(-x)=\sin\{\pi\cos(-x)\}=\sin(\pi\cos x)=g(x)$

이므로 함수 $y=g(x)$의 그래프는 y축에 대하여 대칭이다.

따라서 닫힌구간 $[0,\ \pi]$에서의 그래프만 그린 다음 대칭성을 이용할 수도 있다.

8

$\displaystyle\int_1^e\left(\ln x^3+\dfrac{1}{x}\right)dx=\int_1^e\left(3\ln x+\dfrac{1}{x}\right)dx$

$\qquad\qquad\qquad\qquad=3\int_1^e\ln x\,dx+\int_1^e\dfrac{1}{x}\,dx$

이때 $\displaystyle\int_1^e\ln x\,dx$에서 $u(x)=\ln x$, $v'(x)=1$로 놓으면

$u'(x)=\dfrac{1}{x}$, $v(x)=x$이므로

$\displaystyle\int_1^e\ln x\,dx=\Big[x\ln x\Big]_1^e-\int_1^e dx$

$\qquad\qquad\quad=\Big[x\ln x\Big]_1^e-\Big[x\Big]_1^e$

$\qquad\qquad\quad=e-(e-1)=1$

따라서

$\displaystyle 3\int_1^e\ln x\,dx+\int_1^e\dfrac{1}{x}\,dx=3\times1+\Big[\ln|x|\Big]_1^e$

$\qquad\qquad\qquad\qquad\qquad=3+1=4$

9

곡선 $y=2^x-1$과 직선 $y=-x+2$ 및 x축으로 둘러싸인 부분의 넓이를 A라 하자.

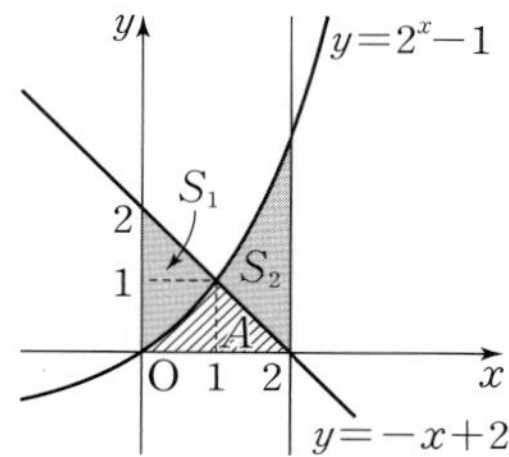

$$S_2+A=\int_0^2 (2^x-1)\,dx$$

$$=\left[\frac{2^x}{\ln 2}-x\right]_0^2$$

$$=\left(\frac{4}{\ln 2}-2\right)-\left(\frac{1}{\ln 2}-0\right)$$

$$=\frac{3}{\ln 2}-2$$

$$S_1+A=\frac{1}{2}\times 2\times 2=2$$

따라서

$$S_2-S_1=(S_2+A)-(S_1+A)$$

$$=\left(\frac{3}{\ln 2}-2\right)-2$$

$$=\frac{3}{\ln 2}-4$$

10

$y=\sqrt{x}$에서 $y'=\dfrac{1}{2\sqrt{x}}$이므로 점 $\mathrm{P}_k(x_k,\ \sqrt{x_k})$에서의 접선의 방정식은

$$y=\frac{1}{2\sqrt{x_k}}(x-x_k)+\sqrt{x_k}$$

위의 식에 $x=0$을 대입하면

$$y=\frac{1}{2\sqrt{x_k}}\times(-x_k)+\sqrt{x_k}=\frac{1}{2}\sqrt{x_k}$$

$\mathrm{Q}_k\!\left(0,\ \dfrac{1}{2}\sqrt{x_k}\right)$이므로

$$\overline{\mathrm{P}_k\mathrm{Q}_k}=\sqrt{(x_k-0)^2+\left(\sqrt{x_k}-\frac{1}{2}\sqrt{x_k}\right)^2}$$

$$=\sqrt{x_k^{\,2}+\frac{1}{4}x_k}$$

점 P_k를 지나고 점 P_k에서의 접선과 수직인 직선의 기울기를 m이라 하면

$$\frac{1}{2\sqrt{x_k}}\times m=-1$$에서

$$m=-2\sqrt{x_k}$$

점 P_k를 지나고 점 P_k에서의 접선과 수직인 직선의 방정식은

$$y=-2\sqrt{x_k}(x-x_k)+\sqrt{x_k}$$

위의 식에 $y=0$을 대입하면

$$2\sqrt{x_k}\,x=2x_k\sqrt{x_k}+\sqrt{x_k}$$에서

$$x=x_k+\frac{1}{2}$$

$\mathrm{R}_k\!\left(x_k+\dfrac{1}{2},\ 0\right)$이므로

$$\overline{\mathrm{P}_k\mathrm{R}_k}=\sqrt{\left\{x_k-\left(x_k+\frac{1}{2}\right)\right\}^2+(\sqrt{x_k}-0)^2}$$

$$=\sqrt{x_k+\frac{1}{4}}$$

$$S_k=\frac{1}{2}\times\overline{\mathrm{P}_k\mathrm{Q}_k}\times\overline{\mathrm{P}_k\mathrm{R}_k}$$

$$=\frac{1}{2}\times\sqrt{x_k^{\,2}+\frac{1}{4}x_k}\times\sqrt{x_k+\frac{1}{4}}$$

$$=\frac{1}{2}\sqrt{x_k\left(x_k+\frac{1}{4}\right)^2}$$

$$=\frac{1}{2}\left(x_k+\frac{1}{4}\right)\sqrt{x_k}$$

$$=\frac{1}{2}\left\{\left(1+\frac{3k}{n}\right)+\frac{1}{4}\right\}\left(1+\frac{3k}{n}\right)^{\frac{1}{2}}$$

이므로

$$\lim_{n\to\infty}\frac{1}{n}\sum_{k=1}^{n}S_k=\lim_{n\to\infty}\frac{1}{n}\sum_{k=1}^{n}\left[\frac{1}{2}\left\{\left(1+\frac{3k}{n}\right)+\frac{1}{4}\right\}\left(1+\frac{3k}{n}\right)^{\frac{1}{2}}\right]$$

$$=\frac{1}{6}\lim_{n\to\infty}\frac{3}{n}\sum_{k=1}^{n}\left[\left\{\left(1+\frac{3k}{n}\right)+\frac{1}{4}\right\}\left(1+\frac{3k}{n}\right)^{\frac{1}{2}}\right]$$

$$=\frac{1}{6}\int_1^4\left(x+\frac{1}{4}\right)x^{\frac{1}{2}}\,dx$$

$$=\frac{1}{6}\int_1^4\left(x^{\frac{3}{2}}+\frac{1}{4}x^{\frac{1}{2}}\right)dx$$

$$=\frac{1}{6}\left[\frac{2}{5}x^{\frac{5}{2}}+\frac{1}{6}x^{\frac{3}{2}}\right]_1^4$$

$$=\frac{1}{6}\times\left(\frac{64}{5}+\frac{4}{3}\right)-\frac{1}{6}\times\left(\frac{2}{5}+\frac{1}{6}\right)$$

$$=\frac{32}{15}+\frac{2}{9}-\frac{1}{15}-\frac{1}{36}$$

$$=\frac{407}{180}$$

따라서 $p=180,\ q=407$이므로

$$p+q=180+407=587$$

1 ②	**2** ④	**3** 4	**4** ①
5 ①	**6** ⑤	**7** 41	**8** ③
9 ②	**10** 2		

1

모든 자연수 n에 대하여 $b_n>0$이므로

$$\lim_{n\to\infty}\frac{3a_n-4b_n}{a_n+2b_n}=\lim_{n\to\infty}\frac{3\times\dfrac{a_n}{b_n}-4}{\dfrac{a_n}{b_n}+2}$$

$$=\frac{3\lim\limits_{n\to\infty}\dfrac{a_n}{b_n}-4}{\lim\limits_{n\to\infty}\dfrac{a_n}{b_n}+2}$$

$$=\frac{3\times2-4}{2+2}=\frac{1}{2}$$

2

$$\sqrt{n^2+2n}+\sqrt{4n^2+an}-3n=\left(\sqrt{n^2+2n}-n\right)+\left(\sqrt{4n^2+an}-2n\right)$$

이고

$$\lim_{n\to\infty}\left(\sqrt{n^2+2n}-n\right)=\lim_{n\to\infty}\frac{2n}{\sqrt{n^2+2n}+n}$$

$$=\lim_{n\to\infty}\frac{2}{\sqrt{1+\dfrac{2}{n}}+1}$$

$$=\frac{2}{1+1}=1$$

$$\lim_{n\to\infty}\left(\sqrt{4n^2+an}-2n\right)=\lim_{n\to\infty}\frac{an}{\sqrt{4n^2+an}+2n}$$

$$=\lim_{n\to\infty}\frac{a}{\sqrt{4+\dfrac{a}{n}}+2}$$

$$=\frac{a}{2+2}=\frac{a}{4}$$

이므로

$$\lim_{n\to\infty}\left(\sqrt{n^2+2n}+\sqrt{4n^2+an}-3n\right)$$
$$=\lim_{n\to\infty}\left\{\left(\sqrt{n^2+2n}-n\right)+\left(\sqrt{4n^2+an}-2n\right)\right\}$$
$$=1+\frac{a}{4}$$

$1+\dfrac{a}{4}=\dfrac{7}{6}$에서 $\dfrac{a}{4}=\dfrac{1}{6}$

따라서 $a=\dfrac{2}{3}$

3

$$a_{n+p-1}\times a_{n+p+1}=\frac{5}{n+p-1}\times\frac{5}{n+p+1}$$

$$=\frac{25}{2}\left(\frac{1}{n+p-1}-\frac{1}{n+p+1}\right)$$

이므로

$$\sum_{n=1}^{\infty}\left(a_{n+p-1}\times a_{n+p+1}\right)$$

$$=\sum_{n=1}^{\infty}\frac{25}{2}\left(\frac{1}{n+p-1}-\frac{1}{n+p+1}\right)$$

$$=\frac{25}{2}\sum_{n=1}^{\infty}\left(\frac{1}{n+p-1}-\frac{1}{n+p+1}\right)$$

$$=\frac{25}{2}\lim_{n\to\infty}\sum_{k=1}^{n}\left(\frac{1}{k+p-1}-\frac{1}{k+p+1}\right)$$

$$=\frac{25}{2}\lim_{n\to\infty}\left\{\left(\frac{1}{p}-\frac{1}{p+2}\right)+\left(\frac{1}{p+1}-\frac{1}{p+3}\right)+\cdots\right.$$
$$\left.+\left(\frac{1}{n+p-2}-\frac{1}{n+p}\right)+\left(\frac{1}{n+p-1}-\frac{1}{n+p+1}\right)\right\}$$

$$=\frac{25}{2}\lim_{n\to\infty}\left(\frac{1}{p}+\frac{1}{p+1}-\frac{1}{n+p}-\frac{1}{n+p+1}\right)$$

$$=\frac{25}{2}\left(\frac{1}{p}+\frac{1}{p+1}\right)$$

$$=\frac{25(2p+1)}{2p(p+1)}$$

$\dfrac{25(2p+1)}{2p(p+1)}=\dfrac{45}{8}$이므로

$9p^2-31p-20=0$

$(9p+5)(p-4)=0$

p는 자연수이므로 $p=4$

4

$$\lim_{x\to0}\frac{\ln(1+2x)+\ln(1-2x)}{x^2}=\lim_{x\to0}\frac{\ln\{(1+2x)(1-2x)\}}{x^2}$$

$$=\lim_{x\to0}\frac{\ln(1-4x^2)}{x^2}$$

$$=\lim_{x\to0}\left\{\frac{\ln(1-4x^2)}{-4x^2}\times(-4)\right\}$$

$$=-4\lim_{x\to0}\frac{\ln(1-4x^2)}{-4x^2}$$

이때 $-4x^2=t$로 놓으면 $x\to0$일 때 $t\to0$이므로

$$-4\lim_{x\to0}\frac{\ln(1-4x^2)}{-4x^2}=-4\lim_{t\to0}\frac{\ln(1+t)}{t}$$

$$=-4\times1$$

$$=-4$$

따라서

$$\lim_{x\to0}\frac{\ln(1+2x)+\ln(1-2x)}{x^2}=-4$$

5

$h(x)=g(f(x))$라 하면

$$h\left(\frac{\pi}{2}\right)=g\left(f\left(\frac{\pi}{2}\right)\right)=g\left(\tan\frac{\pi}{4}\right)=g(1)=e^2$$

이므로

$$\lim_{x\to\frac{\pi}{2}}\frac{g(f(x))-e^2}{2x-\pi}=\lim_{x\to\frac{\pi}{2}}\frac{h(x)-h\left(\frac{\pi}{2}\right)}{2\left(x-\frac{\pi}{2}\right)}$$

$$=\frac{1}{2}\times h'\left(\frac{\pi}{2}\right)$$

한편, $f'(x)=\left(\sec^2\dfrac{x}{2}\right)\times\left(\dfrac{x}{2}\right)'=\dfrac{1}{2}\sec^2\dfrac{x}{2}$,

$g'(x)=(e^{2x})\times(2x)'=2e^{2x}$,

$h'(x)=g'(f(x))f'(x)$

이므로

$$h'\left(\dfrac{\pi}{2}\right)=g'\left(f\left(\dfrac{\pi}{2}\right)\right)f'\left(\dfrac{\pi}{2}\right)=g'(1)f'\left(\dfrac{\pi}{2}\right)$$

$$=2e^2\times\dfrac{1}{2}\sec^2\dfrac{\pi}{4}=2e^2\times\dfrac{1}{2}\times2=2e^2$$

따라서 $\lim\limits_{x\to\frac{\pi}{2}}\dfrac{g(f(x))-e^2}{2x-\pi}=\dfrac{1}{2}\times h'\left(\dfrac{\pi}{2}\right)=\dfrac{1}{2}\times2e^2=e^2$

6

$g(x)=\dfrac{1}{1+e^x}$에서

$g'(x)=\dfrac{0\times(1+e^x)-1\times e^x}{(1+e^x)^2}$

$\qquad=-\dfrac{e^x}{(1+e^x)^2}$

$h(x)=g(f(x))$라 하면

$h'(x)=g'(f(x))f'(x)$

따라서 곡선 $y=h(x)$ 위의 점 $(1,\,h(1))$에서의 접선의 기울기는

$h'(1)=g'(f(1))f'(1)$

$\qquad=g'(\ln 2)\times3$

$\qquad=-\dfrac{e^{\ln 2}}{(1+e^{\ln 2})^2}\times3$

$\qquad=-\dfrac{2}{(1+2)^2}\times3$

$\qquad=-\dfrac{2}{9}\times3$

$\qquad=-\dfrac{2}{3}$

7

삼차함수 $f(x)$의 최고차항의 계수가 -1이고 $f(0)=1$이므로

$f(x)=-x^3+ax^2+bx+1\ (a,\,b$는 상수$)$

로 놓을 수 있다.

$g(x)=\sin(\pi f(x))$에서

$g'(x)=\pi\cos(\pi f(x))\times f'(x)$

조건 (가)에서 함수 $g(x)$는 $x=0$에서 극소이므로

$g'(0)=\pi\cos(\pi f(0))\times f'(0)=\pi\cos\pi\times f'(0)$

$\qquad=-\pi f'(0)=0$

에서 $f'(0)=0$ $\qquad\qquad$ ...... ㉠

$f'(x)=-3x^2+2ax+b$이므로

$f'(0)=b=0$

또한 함수 $g(x)$가 $x=0$에서 극소이면 $x=0$의 좌우에서

$g'(x)=\pi\cos(\pi f(x))\times f'(x)$의 부호가 음에서 양으로 바뀌어야

한다.

$f(0)=1$이고 $x=0$의 좌우에서 $\cos(\pi f(x))$의 부호는 모두 음이므로

$x=0$의 좌우에서 $f'(x)$의 부호가 양에서 음으로 바뀌어야 한다.

$\qquad\qquad$ ...... ㉡

㉠, ㉡에서 함수 $f(x)$는 $x=0$에서 극대이다.

$f''(x)=-6x+2a$이므로 $f''(0)=2a<0$에서 $a<0$

함수 $f(x)=-x^3+ax^2+1\ (a<0)$은 $x>0$일 때

$f'(x)=-3x\left(x-\dfrac{2}{3}a\right)<0$

즉, $x>0$에서 함수 $f(x)$는 감소하므로 $x>0$에서

$f(x)<f(0)=1$이다.

조건 (나)에서 함수 $g(x)=\sin(\pi f(x))$가 최대가 될 때는

$\sin(\pi f(x))=1$이고 $f(x)<1$이므로

$f(x)=\dfrac{1}{2},\ -\dfrac{3}{2},\ -\dfrac{7}{2},\ \cdots$

$x>0$에서 함수 $f(x)$는 감소하므로 위의 값을 만족시키는 x의 값은

하나씩 존재한다. 즉,

$f(a_1)=\dfrac{1}{2},\ f(a_2)=-\dfrac{3}{2},\ f(a_3)=-\dfrac{7}{2}$ $\qquad$ ...... ㉢

조건 (나)에서 $a_2=1$이고 ㉢에 의하여

$f(1)=-1+a+1=-\dfrac{3}{2}$

에서 $a=-\dfrac{3}{2}$

따라서 $f(x)=-x^3-\dfrac{3}{2}x^2+1$이므로

$f(-4)=64-24+1=41$

8

$\lim\limits_{n\to\infty}\sum\limits_{k=1}^{n}\dfrac{\sqrt[n]{e^{2k}}}{n}=\dfrac{1}{2}\lim\limits_{n\to\infty}\sum\limits_{k=1}^{n}\left(e^{\frac{2k}{n}}\times\dfrac{2}{n}\right)$

$x_k=\dfrac{2k}{n}$로 놓으면 $\varDelta x=\dfrac{2}{n}$이므로

$\lim\limits_{n\to\infty}\sum\limits_{k=1}^{n}\dfrac{\sqrt[n]{e^{2k}}}{n}=\dfrac{1}{2}\displaystyle\int_0^2 e^x\,dx=\dfrac{1}{2}\left[e^x\right]_0^2=\dfrac{e^2-1}{2}$

9

$f(x)>0,\ g(x)>0$이므로

조건 (나)의 식의 양변에 $\dfrac{1}{f(x)g(x)}$을 곱하면

$\dfrac{f'(x)}{f(x)}-\dfrac{g'(x)}{g(x)}=1$

이 식의 양변을 적분하면

$\ln|f(x)|-\ln|g(x)|=x+C$ (단, C는 적분상수)

$\ln\left|\dfrac{f(x)}{g(x)}\right|=x+C$

이 식에 $x=1$을 대입하면 $\dfrac{f(1)}{g(1)}=1$이므로

$0=1+C$에서 $C=-1$

즉, $\ln\left|\dfrac{f(x)}{g(x)}\right|=x-1$

$f(x)>0,\ g(x)>0$이므로 $\dfrac{f(x)}{g(x)}=e^{x-1}$

따라서 $\dfrac{g(x)}{f(x)}=\dfrac{1}{e^{x-1}}$이므로

$\displaystyle\sum\limits_{n=2}^{\infty}\dfrac{g(n)}{f(n)}=\lim\limits_{n\to\infty}\sum\limits_{k=2}^{n}\dfrac{g(k)}{f(k)}$

$\qquad\qquad=\lim\limits_{n\to\infty}\left(\dfrac{1}{e}+\dfrac{1}{e^2}+\dfrac{1}{e^3}+\cdots+\dfrac{1}{e^{n-1}}\right)$

$$=\lim_{n\to\infty}\frac{\dfrac{1}{e}\left\{1-\left(\dfrac{1}{e}\right)^{n-1}\right\}}{1-\dfrac{1}{e}}$$

$$=\frac{\dfrac{1}{e}}{1-\dfrac{1}{e}}=\frac{1}{e-1}$$

다른 풀이

$g(x)>0$이므로 조건 (나)의 식의 양변에 $\dfrac{1}{\{g(x)\}^2}$ 을 곱하면

$$\frac{f'(x)g(x)-f(x)g'(x)}{\{g(x)\}^2}=\frac{f(x)}{g(x)}$$

즉, $\left\{\dfrac{f(x)}{g(x)}\right\}'=\dfrac{f(x)}{g(x)}$

$\dfrac{f(x)}{g(x)}>0$이고 $\dfrac{\left\{\dfrac{f(x)}{g(x)}\right\}'}{\dfrac{f(x)}{g(x)}}=1$이므로 이 식의 양변을 적분하면

$\ln\dfrac{f(x)}{g(x)}=x+C$ (단, C는 적분상수)

$\dfrac{f(1)}{g(1)}=1$이므로 $C=-1$

$\ln\dfrac{f(x)}{g(x)}=x-1$에서

$\dfrac{f(x)}{g(x)}=e^{x-1}$

10

$x=\ln t$에서 $e^x=t$이므로

$y=2e^{-\frac{x}{2}}=2(e^x)^{-\frac{1}{2}}=2t^{-\frac{1}{2}}$

점 P의 시각 t $(t>0)$에서의 위치 $(x,\ y)$는

$x=\ln t,\ y=2t^{-\frac{1}{2}}$

$x=\dfrac{1}{3t}$일 때 $y=\dfrac{2}{3}\sqrt{3x}=\dfrac{2}{3}\sqrt{\dfrac{1}{t}}=\dfrac{2}{3}t^{-\frac{1}{2}}$이므로

점 Q의 시각 t $(t>0)$에서의 위치 $(x,\ y)$는

$x=\dfrac{1}{3t},\ y=\dfrac{2}{3}t^{-\frac{1}{2}}$

이때 선분 PQ를 $3:1$로 내분하는 점의 좌표는

$$\left(\frac{3\times\dfrac{1}{3t}+1\times\ln t}{3+1},\ \frac{3\times\dfrac{2}{3}t^{-\frac{1}{2}}+1\times2t^{-\frac{1}{2}}}{3+1}\right)$$

즉, $\left(\dfrac{1}{4t}+\dfrac{1}{4}\ln t,\ t^{-\frac{1}{2}}\right)$

이므로 점 R의 시각 t $(t>0)$에서의 위치 $(x,\ y)$는

$x=\dfrac{1}{4t}+\dfrac{1}{4}\ln t,\ y=t^{-\frac{1}{2}}$ $\quad\cdots\cdots$ ㉠

㉠에서 $\dfrac{dx}{dt}=-\dfrac{1}{4t^2}+\dfrac{1}{4t},\ \dfrac{dy}{dt}=-\dfrac{1}{2}t^{-\frac{3}{2}}$이므로

$$\left(\frac{dx}{dt}\right)^2+\left(\frac{dy}{dt}\right)^2=\left(-\frac{1}{4t^2}+\frac{1}{4t}\right)^2+\left(-\frac{1}{2}t^{-\frac{3}{2}}\right)^2$$

$$=\frac{1}{16t^4}-\frac{1}{8t^3}+\frac{1}{16t^2}+\frac{1}{4}t^{-3}$$

$$=\frac{1}{16t^4}-\frac{1}{8t^3}+\frac{1}{16t^2}+\frac{1}{4t^3}$$

$$=\frac{1}{16t^4}+\frac{1}{8t^3}+\frac{1}{16t^2}$$

$$=\left(\frac{1}{4t^2}+\frac{1}{4t}\right)^2$$

따라서 시각 $t=1$에서 $t=e$까지 점 R가 움직인 거리를 s라 하면

$$s=\int_1^e\sqrt{\left(\frac{dx}{dt}\right)^2+\left(\frac{dy}{dt}\right)^2}\,dt$$

$$=\int_1^e\sqrt{\left(\frac{1}{4t^2}+\frac{1}{4t}\right)^2}\,dt$$

$$=\int_1^e\left(\frac{1}{4t^2}+\frac{1}{4t}\right)dt$$

$$=\frac{1}{4}\int_1^e\left(\frac{1}{t^2}+\frac{1}{t}\right)dt$$

$$=\frac{1}{4}\left[-\frac{1}{t}+\ln|t|\right]_1^e$$

$$=\frac{1}{4}\left\{\left(-\frac{1}{e}+1\right)-(-1+0)\right\}$$

$$=\frac{1}{4}\left(2-\frac{1}{e}\right)$$

$$=\frac{1}{2}-\frac{1}{4e}$$

따라서 $p=\dfrac{1}{2},\ q=-\dfrac{1}{4}$이므로

$$8(p+q)=8\left\{\frac{1}{2}+\left(-\frac{1}{4}\right)\right\}=2$$

1 ①	**2** 11	**3** ⑤	**4** ②
5 ③	**6** 24	**7** ⑤	**8** ④
9 ⑤	**10** 4		

1

$a_n = 5r^{n-1} \ (0 < r < 3)$

이므로 $0 < \dfrac{r}{3} < 1$

$\displaystyle \sum_{n=1}^{\infty} \dfrac{a_n+2}{3^n} = \sum_{n=1}^{\infty} \left\{ \dfrac{5}{3}\left(\dfrac{r}{3}\right)^{n-1} + \dfrac{2}{3}\left(\dfrac{1}{3}\right)^{n-1} \right\}$

$\qquad\qquad = \dfrac{\frac{5}{3}}{1-\frac{r}{3}} + \dfrac{\frac{2}{3}}{1-\frac{1}{3}}$

$\qquad\qquad = \dfrac{5}{3-r} + 1 = 3$

따라서 $r = \dfrac{1}{2}$

2

조건 (가)에서 수열 $\left\{ \dfrac{f(n)}{n^2+1} \right\}$이 0이 아닌 극한값 2를 가지므로 $f(x)$ 는 최고차항의 계수가 2인 이차함수이다.

그러므로 $f(x) = 2x^2 + ax + b$ (a, b는 상수)라 하면

조건 (나)에서 $\displaystyle\lim_{n\to\infty}(2n+3)f\left(\dfrac{1}{n}\right) = 3$이므로

$\displaystyle\lim_{n\to\infty}(2n+3)f\left(\dfrac{1}{n}\right)$

$= \displaystyle\lim_{n\to\infty}(2n+3)\left\{ 2\left(\dfrac{1}{n}\right)^2 + a\times\dfrac{1}{n} + b \right\}$

$= \displaystyle\lim_{n\to\infty}\left\{ 2\times\dfrac{2n+3}{n^2} + a\times\dfrac{2n+3}{n} + b(2n+3) \right\}$

$= \displaystyle\lim_{n\to\infty}\left\{ 2\left(\dfrac{2}{n}+\dfrac{3}{n^2}\right) + a\left(2+\dfrac{3}{n}\right) + b(2n+3) \right\}$

$b\neq0$이면 위의 극한값은 존재하지 않으므로 이 극한값이 존재하려면 $b=0$이어야 한다.

이때 위의 식은

$\displaystyle\lim_{n\to\infty}\left\{ 2\left(\dfrac{2}{n}+\dfrac{3}{n^2}\right) + a\left(2+\dfrac{3}{n}\right) \right\}$

$= 2\displaystyle\lim_{n\to\infty}\left(\dfrac{2}{n}+\dfrac{3}{n^2}\right) + a\displaystyle\lim_{n\to\infty}\left(2+\dfrac{3}{n}\right)$

$= 2a = 3$

그러므로 $a = \dfrac{3}{2}$

따라서 $f(x) = 2x^2 + \dfrac{3}{2}x$이므로

$f(2) = 8+3 = 11$

3

조건 (가)에서

$a_1 - a_2 \leq b_1$

$a_2 - a_3 \leq b_2$

$a_3 - a_4 \leq b_3$

$\vdots$

$a_n - a_{n+1} \leq b_n$

이므로 $\displaystyle\sum_{k=1}^{n}(a_k - a_{k+1}) \leq \sum_{k=1}^{n} b_k$이다.

$\displaystyle\sum_{k=1}^{n}(a_k - a_{k+1})$

$= (a_1 - a_2) + (a_2 - a_3) + (a_3 - a_4) + \cdots + (a_n - a_{n+1})$

$= a_1 - a_{n+1}$

$= 2 - \dfrac{n+4}{3n+2}$

$= \dfrac{5n}{3n+2}$

이고 $\displaystyle\sum_{k=1}^{n} b_k = T_n$이므로 $\dfrac{5n}{3n+2} \leq T_n$

그러므로 수열의 극한의 대소 관계에 의하여

$\displaystyle\lim_{n\to\infty}\dfrac{5n}{3n+2} \leq \lim_{n\to\infty} T_n$

이고

$\displaystyle\lim_{n\to\infty}\dfrac{5n}{3n+2} = \lim_{n\to\infty}\dfrac{5}{3+\frac{2}{n}} = \dfrac{5}{3}$,

$\displaystyle\lim_{n\to\infty} T_n = \sum_{n=1}^{\infty} b_n = p$이므로

$\dfrac{5}{3} \leq p$　　……㉠

$\displaystyle\lim_{n\to\infty} T_{n+1} = \lim_{n\to\infty} T_n = p$

이므로 조건 (나)에서 수열의 극한의 대소 관계에 의하여

$\displaystyle\lim_{n\to\infty}(T_n + T_{n+1}) \leq \lim_{n\to\infty}\dfrac{30n^2+52n+15}{9n^2+15n+4}$

$2p \leq \displaystyle\lim_{n\to\infty}\dfrac{30+\frac{52}{n}+\frac{15}{n^2}}{9+\frac{15}{n}+\frac{4}{n^2}} = \dfrac{10}{3}$

$p \leq \dfrac{5}{3}$　　……㉡

따라서 ㉠, ㉡에 의하여

$p = \dfrac{5}{3}$

4

$\displaystyle\lim_{x\to0}\dfrac{1}{x}\ln\dfrac{e^{x+1}}{e+x} = \lim_{x\to0}\dfrac{1}{x}\{\ln e^{x+1} - \ln(e+x)\}$

$\qquad\qquad = \displaystyle\lim_{x\to0}\dfrac{1}{x}\{(x+1) - \ln(e+x)\}$

$\qquad\qquad = \displaystyle\lim_{x\to0}\left\{ \dfrac{x+1}{x} - \dfrac{1}{x}\ln(e+x) \right\}$

$\qquad\qquad = \displaystyle\lim_{x\to0}\left\{ \dfrac{x+1}{x} - \dfrac{1}{x}\ln e\left(1+\dfrac{x}{e}\right) \right\}$

$\qquad\qquad = \displaystyle\lim_{x\to0}\left\{ \dfrac{x+1}{x} - \dfrac{\ln e}{x} - \dfrac{1}{x}\ln\left(1+\dfrac{x}{e}\right) \right\}$

$\qquad\qquad = \displaystyle\lim_{x\to0}\left\{ \dfrac{x+1}{x} - \dfrac{1}{x} - \dfrac{1}{e}\times\dfrac{e}{x}\ln\left(1+\dfrac{x}{e}\right) \right\}$

$\qquad\qquad = \displaystyle\lim_{x\to0}\left\{ 1 - \dfrac{1}{e}\ln\left(1+\dfrac{x}{e}\right)^{\frac{e}{x}} \right\}$

$\qquad\qquad = 1 - \dfrac{1}{e}\times1$

$\qquad\qquad = 1 - \dfrac{1}{e}$

5

$y=a\cos x+\ln\dfrac{x}{\pi}=a\cos x+\ln x-\ln\pi$이므로

$y'=-a\sin x+\dfrac{1}{x}$

곡선 $y=a\cos x+\ln\dfrac{x}{\pi}$ 위의 $x=\dfrac{\pi}{6}$인 점에서의 접선의 기울기가

$3+\dfrac{b}{\pi}$이므로

$3+\dfrac{b}{\pi}=-a\sin\dfrac{\pi}{6}+\dfrac{1}{\dfrac{\pi}{6}}$

$\qquad\quad=-\dfrac{1}{2}a+\dfrac{6}{\pi}$

에서

$3+\dfrac{1}{2}a+(b-6)\dfrac{1}{\pi}=0$

이때 a, b가 유리수이므로

$3+\dfrac{1}{2}a=0$, $b-6=0$

따라서 $a=-6$, $b=6$이므로

$a+b=-6+6=0$

6

땅의 가로의 길이를 $x\ (x>2)$, 세로의 길이를 $h\ (h>1)$이라 하면

$(x-2)(h-1)=8$

$h=\dfrac{8}{x-2}+1=\dfrac{x+6}{x-2}$

직사각형 모양의 땅의 넓이를 $f(x)$라 하면

$f(x)=x\times\dfrac{x+6}{x-2}=\dfrac{x^2+6x}{x-2}$

$f'(x)=\dfrac{(2x+6)(x-2)-(x^2+6x)}{(x-2)^2}$

$\qquad=\dfrac{x^2-4x-12}{(x-2)^2}$

$\qquad=\dfrac{(x+2)(x-6)}{(x-2)^2}$

$x>2$이므로 $f'(x)=0$에서 $x=6$이고

$x=6$의 좌우에서 $f'(x)$의 부호가 음에서 양으로 바뀌므로

$x=6$에서 $f(x)$는 극소이면서 최솟값을 갖는다.

최솟값은 $f(6)=\dfrac{6^2+6\times6}{6-2}=18$

$a=6$, $b=18$이므로 $a+b=24$

7

조건 (가)에서 이차함수 $f(x)$에 대하여 함수 $g(x)=\ln|f(x)+1|$이

실수 전체의 집합에서 미분가능하므로 모든 실수 x에 대하여

$f(x)+1\neq0$이다.

이때 조건 (나)에서 $1\leq f(2)<10$이므로 모든 실수 x에 대하여

$f(x)>-1$ $\qquad$ …… ㉠

$g(x)=\ln|f(x)+1|=\ln\{f(x)+1\}$

$\displaystyle\lim_{x\to1}\dfrac{g(x)}{x-1}=4$에서 $x\to1$일 때 (분모) $\to0$이고 극한값이 존재하므로

(분자) $\to0$이어야 한다.

즉, $\displaystyle\lim_{x\to1}g(x)=0$이므로 $g(1)=0$

$g(1)=\ln\{f(1)+1\}=0$에서 $f(1)+1=1$이므로

$f(1)=0$ $\qquad$ …… ㉡

$\displaystyle\lim_{x\to1}\dfrac{g(x)}{x-1}=\lim_{x\to1}\dfrac{g(x)-g(1)}{x-1}$

$\qquad\qquad\qquad=g'(1)=4$

이고 $g(x)=\ln\{f(x)+1\}$에서

$g'(x)=\dfrac{f'(x)}{f(x)+1}$

$g'(1)=\dfrac{f'(1)}{f(1)+1}=\dfrac{f'(1)}{0+1}=f'(1)$이므로

$f'(1)=4$ $\qquad$ …… ㉢

㉡, ㉢에서 $f(1)=0$, $f'(1)\neq0$이므로 이차함수 $f(x)$를

$f(x)=a(x-1)(x-b)\ (a,\ b$는 상수, $a\neq0,\ b\neq1)$

로 놓을 수 있다.

이때 ㉠을 만족시키려면 $a>0$이어야 한다.

$f'(x)=a\{(x-b)+(x-1)\}$

㉢에서 $f'(1)=a(1-b)=4$이므로

$b=1-\dfrac{4}{a}$ $\qquad$ …… ㉣

곡선 $y=f(x)$의 꼭짓점의 x좌표는 $\dfrac{1+b}{2}$이므로 함수 $f(x)$의 최솟

값은

$f\left(\dfrac{1+b}{2}\right)=a\times\dfrac{b-1}{2}\times\dfrac{1-b}{2}$

$\qquad\qquad=\dfrac{a}{4}\times\left(-\dfrac{4}{a}\right)\times\dfrac{4}{a}=-\dfrac{4}{a}$

㉠에서 $-\dfrac{4}{a}>-1$이고 $a>0$이므로 $a>4$

$f(2)=a\times1\times\left(1+\dfrac{4}{a}\right)=a+4>8$

이고 조건 (나)에서 $f(2)$는 10보다 작은 자연수이므로

$f(2)=9$

즉, $f(2)=a+4=9$에서 $a=5$

㉣에서 $b=\dfrac{1}{5}$

따라서 $f(x)=5(x-1)\left(x-\dfrac{1}{5}\right)=(x-1)(5x-1)$이고

$g(x)=\ln\{(x-1)(5x-1)+1\}$이므로

$g(3)=\ln(2\times14+1)=\ln29$

8

$f(x)=t$로 놓으면 $f'(x)=\dfrac{dt}{dx}$이고

$x=0$일 때 $t=\dfrac{\pi}{6}$, $x=1$일 때 $t=\dfrac{\pi}{2}$이므로

$\displaystyle\int_0^1\{f'(x)\times\cos f(x)\}\,dx=\int_{\frac{\pi}{6}}^{\frac{\pi}{2}}\cos t\,dt$

$\qquad\qquad\qquad\qquad\quad=\Big[\sin t\Big]_{\frac{\pi}{6}}^{\frac{\pi}{2}}$

$\qquad\qquad\qquad\qquad\quad=\sin\dfrac{\pi}{2}-\sin\dfrac{\pi}{6}$

$\qquad\qquad\qquad\qquad\quad=1-\dfrac{1}{2}=\dfrac{1}{2}$

9

$\int_0^\pi f''(x)\sin 2x\,dx$에서

$u(x)=\sin 2x,\ v'(x)=f''(x)$로 놓으면

$u'(x)=2\cos 2x,\ v(x)=f'(x)$이므로

$$\int_0^\pi f''(x)\sin 2x\,dx=\Big[f'(x)\sin 2x\Big]_0^\pi-2\int_0^\pi f'(x)\cos 2x\,dx$$
$$=-2\int_0^\pi f'(x)\cos 2x\,dx$$

또 $\int_0^\pi f'(x)\cos 2x\,dx$에서

$u_1(x)=\cos 2x,\ v_1'(x)=f'(x)$로 놓으면

$u_1'(x)=-2\sin 2x,\ v_1(x)=f(x)$이므로

$$\int_0^\pi f'(x)\cos 2x\,dx=\Big[f(x)\cos 2x\Big]_0^\pi+2\int_0^\pi f(x)\sin 2x\,dx$$
$$=f(\pi)-f(0)+2\int_0^\pi f(x)\sin 2x\,dx$$
$$=f(\pi)-1+2\int_0^\pi f(x)\sin 2x\,dx$$

따라서

$$\int_0^\pi f''(x)\sin 2x\,dx=-2f(\pi)+2-4\int_0^\pi f(x)\sin 2x\,dx$$

이므로

$$\int_0^\pi \{f''(x)+4f(x)\}\sin 2x\,dx=-2f(\pi)+2$$

즉, $-2f(\pi)+2=-2\pi^2$이므로

$f(\pi)=\pi^2+1$

10

$0\le k\le t$인 실수 k에 대하여 직선 $x=k$를 포함하고 x축에 수직인 평면으로 입체도형을 자른 단면은 한 변의 길이가 $f(k)$인 정사각형이므로 그 넓이를 $S(k)$라 하면

$S(k)=\{f(k)\}^2$

구하는 입체도형의 부피를 V라 하면

$$V=\int_0^t S(k)\,dk$$
$$=\int_0^t \{f(k)\}^2\,dk$$

$V=(t^2+1)e^t-1$이므로

$$\int_0^t \{f(k)\}^2\,dk=(t^2+1)e^t-1$$

양변을 t에 대하여 미분하면

$$\{f(t)\}^2=2te^t+(t^2+1)e^t$$
$$=(t^2+2t+1)e^t$$
$$=(t+1)^2e^t$$

이고 $t>0,\ f(t)\ge 0$이므로

$$f(t)=\sqrt{(t+1)^2e^t}$$
$$=|t+1|e^{\frac{t}{2}}$$

함수 $f(x)$는 실수 전체의 집합에서 연속이므로 $x\ge 0$에서

$f(x)=(x+1)e^{\frac{x}{2}}$

$t=2$일 때 이 입체도형의 밑면의 넓이를 F라 하면

$$F=\int_0^2 (x+1)e^{\frac{x}{2}}\,dx$$

이때 $u(x)=x+1,\ v'(x)=e^{\frac{x}{2}}$으로 놓으면

$u'(x)=1,\ v(x)=2e^{\frac{x}{2}}$이므로

$$F=\int_0^2 (x+1)e^{\frac{x}{2}}\,dx$$
$$=\Big[2(x+1)e^{\frac{x}{2}}\Big]_0^2-2\int_0^2 e^{\frac{x}{2}}\,dx$$
$$=(6e-2)-2\Big[2e^{\frac{x}{2}}\Big]_0^2$$
$$=(6e-2)-2(2e-2)$$
$$=2e+2$$

따라서 $a=2,\ b=2$이므로

$a+b=4$

14회 미니모의고사

1 ①	**2** ④	**3** ①	**4** ③
5 ④	**6** ④	**7** 180	**8** ②
9 19	**10** 57		

1

$$\lim_{n\to\infty}\frac{\dfrac{1}{2^n}+\dfrac{2}{3^n}}{\dfrac{3}{2^n}+\dfrac{1}{3^n}}=\lim_{n\to\infty}\frac{1+2\left(\dfrac{2}{3}\right)^n}{3+\left(\dfrac{2}{3}\right)^n}=\frac{1+2\times0}{3+0}=\frac{1}{3}$$

2

$\displaystyle\sum_{k=1}^{n}\left(b_k+\frac{k^2}{n^3}\right)=\frac{n}{n+1}$에서

$$\sum_{k=1}^{n}b_k+\frac{1}{n^3}\sum_{k=1}^{n}k^2=\frac{n}{n+1}$$

$$\sum_{k=1}^{n}b_k+\frac{1}{n^3}\times\frac{n(n+1)(2n+1)}{6}=\frac{n}{n+1}$$

$$\sum_{k=1}^{n}b_k=\frac{n}{n+1}-\frac{1}{n^3}\times\frac{n(n+1)(2n+1)}{6}$$

$$=\frac{n}{n+1}-\frac{(n+1)(2n+1)}{6n^2}$$

$n\to\infty$일 때,

$$\sum_{n=1}^{\infty}b_n=\lim_{n\to\infty}\frac{n}{n+1}-\lim_{n\to\infty}\frac{(n+1)(2n+1)}{6n^2}$$

$$=\lim_{n\to\infty}\frac{1}{1+\dfrac{1}{n}}-\lim_{n\to\infty}\frac{\left(1+\dfrac{1}{n}\right)\left(2+\dfrac{1}{n}\right)}{6}$$

$$=1-\frac{1}{3}=\frac{2}{3}$$

따라서

$$\sum_{n=1}^{\infty}(a_n+3b_n)=\sum_{n=1}^{\infty}a_n+3\sum_{n=1}^{\infty}b_n$$
$$=2+3\times\frac{2}{3}=4$$

3

점 G_1에서 선분 A_1B_1에 내린 수선의 발을 H라 하면
두 삼각형 B_1A_1D와 B_1HG_1은 서로 닮음이므로
$$\overline{B_1A_1}:\overline{A_1D}=\overline{B_1H}:\overline{HG_1}=1:2$$
$\overline{B_1H}=k$라 하면 $\overline{HG_1}=2k$

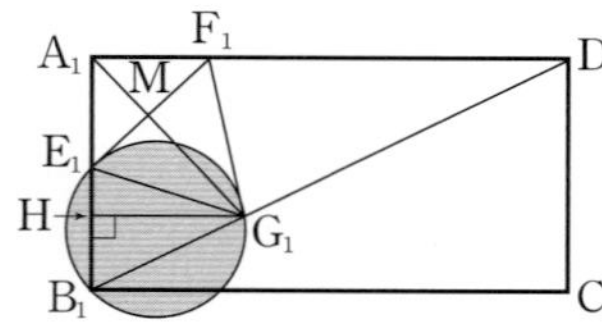

선분 E_1F_1의 중점을 M이라 하면
$\overline{A_1E_1}=\overline{A_1F_1}$이므로 $\overline{A_1M}\perp\overline{E_1F_1}$,
$\overline{G_1E_1}=\overline{G_1F_1}$이므로 $\overline{G_1M}\perp\overline{E_1F_1}$
즉, 두 선분 A_1G_1과 E_1F_1이 만나는 점이 M이므로

$\angle G_1A_1H=45°$이고, 삼각형 A_1HG_1은 직각이등변삼각형이다.
$\overline{HG_1}=\overline{HA_1}=2k$이므로
$$\overline{A_1B_1}=\overline{B_1H}+\overline{HA_1}=k+2k=3k$$
$3k=4$에서 $k=\dfrac{4}{3}$

$\overline{HG_1}=\dfrac{8}{3}$, $\overline{HE_1}=\dfrac{2}{3}$이므로

직각삼각형 E_1HG_1에서
$$\overline{G_1E_1}=\sqrt{\left(\frac{8}{3}\right)^2+\left(\frac{2}{3}\right)^2}=\sqrt{\frac{68}{9}}=\frac{2\sqrt{17}}{3}$$

$\angle G_1B_1E_1=\theta$라 하면 직각삼각형 DB_1A_1에서 $\overline{B_1D}=4\sqrt{5}$이므로
$$\sin\theta=\frac{8}{4\sqrt{5}}=\frac{2}{\sqrt{5}}$$

이때 삼각형 $G_1E_1B_1$의 외접원의 반지름의 길이를 R라 하면

사인법칙에 의하여 $\dfrac{\overline{G_1E_1}}{\sin\theta}=2R$

$\dfrac{\dfrac{2\sqrt{17}}{3}}{\dfrac{2}{\sqrt{5}}}=2R$에서 $R=\dfrac{\sqrt{85}}{6}$이므로 $S_1=\dfrac{85}{36}\pi$

한편, 두 직사각형 $A_1B_1C_1D$와 $A_2B_2C_2D$는 서로 닮음이고 닮음비는 $1:\dfrac{1}{2}$이다.

따라서 $\displaystyle\lim_{n\to\infty}S_n$은 첫째항이 $\dfrac{85}{36}\pi$이고, 공비가 $\left(\dfrac{1}{2}\right)^2=\dfrac{1}{4}$인 등비급수의 합이므로

$$\lim_{n\to\infty}S_n=\frac{\dfrac{85}{36}\pi}{1-\dfrac{1}{4}}=\frac{85}{36}\pi\times\frac{4}{3}=\frac{85}{27}\pi$$

4

$$\lim_{x\to0}\frac{e^{2x}-2^{2x}}{x}=\lim_{x\to0}\frac{(e^{2x}-1)-(2^{2x}-1)}{x}$$
$$=\lim_{x\to0}\left\{\frac{(e^{2x}-1)-(2^{2x}-1)}{2x}\times2\right\}$$
$$=2\left(\lim_{x\to0}\frac{e^{2x}-1}{2x}-\lim_{x\to0}\frac{2^{2x}-1}{2x}\right)$$
$$=2(1-\ln2)$$
$$=2-2\ln2$$

5

함수 $f(x)$의 역함수가 존재하려면 모든 실수 x에 대하여 $f'(x)\ge0$이거나 $f'(x)\le0$이어야 한다.
$$f'(x)=(2x+a)e^{-x}-(x^2+ax-a+4)e^{-x}$$
$$=-\{x^2+(a-2)x-2a+4\}e^{-x}$$
이므로 모든 실수 x에 대하여
$$x^2+(a-2)x-2a+4\ge0$$
이어야 한다.
이차방정식 $x^2+(a-2)x-2a+4=0$의 판별식을 D라 하면
$$D=(a-2)^2-4(-2a+4)\le0$$
$$a^2+4a-12\le0,\ (a+6)(a-2)\le0$$
$$-6\le a\le2$$

따라서 조건을 만족시키는 정수 a는 -6, -5, $\cdots$, 1, 2이고, 그 개수는 9이다.

6

$f(x)=2e^{2x}-e^{-x}+\dfrac{1}{2}$에서

$f'(x)=4e^{2x}+e^{-x}$

$f''(x)=8e^{2x}-e^{-x}=\dfrac{8e^{3x}-1}{e^x}$

$\qquad\quad=\dfrac{(2e^x-1)(4e^{2x}+2e^x+1)}{e^x}$

$f''(x)=0$에서

$2e^x-1=0$, $e^x=\dfrac{1}{2}$, $x=-\ln 2$

$x<-\ln 2$에서 $f''(x)<0$, $x>-\ln 2$에서 $f''(x)>0$이고

$f(-\ln 2)=2e^{-2\ln 2}-e^{\ln 2}+\dfrac{1}{2}=\dfrac{1}{2}-2+\dfrac{1}{2}=-1$

이므로 곡선 $y=f(x)$의 변곡점의 좌표는 $(-\ln 2,\ -1)$이다.

따라서 $a=-\ln 2$, $b=-1$이므로

$ab=-\ln 2\times(-1)=\ln 2$

7

함수 $f(x)$가 임의의 두 실수 x_1, x_2에 대하여

$x_1<x_2$이면 $f(x_1)-ax_2<f(x_2)-ax_1$을 만족시킬 때,

$x_1<x_2$이면 $ax_1+f(x_1)<ax_2+f(x_2)$를 만족시킨다.

함수 $h(x)$를 $h(x)=ax+f(x)=ax+\dfrac{1}{2}\ln(x^2+n)$이라 하면

함수 $h(x)$는 임의의 두 실수 x_1, x_2에 대하여

$x_1<x_2$이면 $h(x_1)<h(x_2)$

를 만족시키므로 함수 $h(x)$는 실수 전체의 집합에서 증가하는 함수이다.

그러므로

모든 실수 x에 대하여 $h'(x)\geq0$ $\qquad\cdots\cdots$ ㉠

이 성립해야 한다.

$h'(x)=a+\dfrac{1}{2}\times\dfrac{(x^2+n)'}{x^2+n}=a+\dfrac{x}{x^2+n}=\dfrac{ax^2+x+an}{x^2+n}$

이고, 모든 실수 x에 대하여 $x^2+n>0$이므로 ㉠이 성립하기 위해서는 모든 실수 x에 대하여 $ax^2+x+an\geq0$이 성립해야 한다.

즉, $a>0$이고, 이차방정식 $ax^2+x+an=0$의 판별식을 D라 하면

$D=1-4a^2n\leq0$이어야 하므로 $a\geq\dfrac{1}{2\sqrt{n}}$

이때 ㉠을 만족시키는 실수 a의 최솟값은 $\dfrac{1}{2\sqrt{n}}$이므로 $g(n)=\dfrac{1}{2\sqrt{n}}$

따라서 $\dfrac{1}{\{g(n)\}^2}=4n$이므로

$\displaystyle\sum_{n=1}^{9}\dfrac{1}{\{g(n)\}^2}=\sum_{n=1}^{9}4n=4\times\dfrac{9\times10}{2}=180$

참고

$a=\dfrac{1}{2\sqrt{n}}$일 때 $h'(x)=\dfrac{(x+\sqrt{n})^2}{2\sqrt{n}(x^2+n)}$이므로 $x=-\sqrt{n}$일 때만

$h'(x)=0$이고 $x\neq-\sqrt{n}$인 모든 실수 x에 대하여 $h'(x)>0$이므로 함수 $h(x)$는 실수 전체의 집합에서 증가한다.

8

$\cos x=t$로 놓으면

$x=0$일 때 $t=1$, $x=\dfrac{\pi}{2}$일 때 $t=0$이고,

$-\sin x=\dfrac{dt}{dx}$이므로

$\displaystyle\int_0^{\frac{\pi}{2}}\sin^3 x\cos^5 x\,dx=\int_0^{\frac{\pi}{2}}(1-\cos^2 x)\cos^5 x\sin x\,dx$

$\qquad\qquad\qquad=\displaystyle\int_0^{\frac{\pi}{2}}(\cos^2 x-1)\cos^5 x(-\sin x)\,dx$

$\qquad\qquad\qquad=\displaystyle\int_1^{0}(t^2-1)t^5\,dt$

$\qquad\qquad\qquad=\displaystyle\int_0^{1}(-t^7+t^5)\,dt$

$\qquad\qquad\qquad=\left[-\dfrac{1}{8}t^8+\dfrac{1}{6}t^6\right]_0^1$

$\qquad\qquad\qquad=-\dfrac{1}{8}+\dfrac{1}{6}$

$\qquad\qquad\qquad=\dfrac{1}{24}$

다른 풀이

$\sin x=t$로 놓으면

$x=0$일 때 $t=0$, $x=\dfrac{\pi}{2}$일 때 $t=1$이고,

$\cos x=\dfrac{dt}{dx}$이므로

$\displaystyle\int_0^{\frac{\pi}{2}}\sin^3 x\cos^5 x\,dx=\int_0^{\frac{\pi}{2}}\sin^3 x(\cos^2 x)^2\cos x\,dx$

$\qquad\qquad\qquad=\displaystyle\int_0^{\frac{\pi}{2}}\sin^3 x(1-\sin^2 x)^2\cos x\,dx$

$\qquad\qquad\qquad=\displaystyle\int_0^{1}t^3(1-t^2)^2\,dt$

$\qquad\qquad\qquad=\displaystyle\int_0^{1}(t^7-2t^5+t^3)\,dt$

$\qquad\qquad\qquad=\left[\dfrac{1}{8}t^8-\dfrac{1}{3}t^6+\dfrac{1}{4}t^4\right]_0^1$

$\qquad\qquad\qquad=\dfrac{1}{8}-\dfrac{1}{3}+\dfrac{1}{4}$

$\qquad\qquad\qquad=\dfrac{1}{24}$

9

$e\leq t\leq e^2$인 실수 t에 대하여 직선 $x=t$를 포함하고 x축에 수직인 평면으로 자른 단면의 넓이를 $S(t)$라 하면

$S(t)=\dfrac{\sqrt{3}}{4}\times\left(\dfrac{\ln t}{\sqrt{t}}\right)^2=\dfrac{\sqrt{3}}{4}\times\dfrac{(\ln t)^2}{t}$

구하는 입체도형의 부피를 V라 하면

$V=\displaystyle\int_e^{e^2}S(t)\,dt=\dfrac{\sqrt{3}}{4}\int_e^{e^2}\dfrac{(\ln t)^2}{t}\,dt$

이때 $\ln t=s$로 놓으면

$t=e$일 때 $s=1$, $t=e^2$일 때 $s=2$이고,

$\dfrac{ds}{dt}=\dfrac{1}{t}$이므로

$$V=\frac{\sqrt{3}}{4}\int_e^{e^2}\frac{(\ln t)^2}{t}dt=\frac{\sqrt{3}}{4}\int_1^2 s^2\,ds$$

$$=\frac{\sqrt{3}}{4}\left[\frac{1}{3}s^3\right]_1^2=\frac{\sqrt{3}}{4}\times\frac{7}{3}$$

$$=\frac{7\sqrt{3}}{12}$$

따라서 $p=12$, $q=7$이므로

$p+q=19$

10

등식

$$\int_1^x(x-t+1)f(t)\,dt=(2ax+b)e^{-2x+2}+bx+a \qquad \cdots\cdots\ \text{㉠}$$

의 양변에 $x=1$을 대입하면

$$0=(2a+b)+b+a=3a+2b$$

$$b=-\frac{3}{2}a \qquad\qquad\qquad\qquad\qquad\qquad \cdots\cdots\ \text{㉡}$$

$$\int_1^x(x-t+1)f(t)\,dt=x\int_1^x f(t)\,dt-\int_1^x tf(t)\,dt+\int_1^x f(t)\,dt$$

이므로 ㉠의 양변을 x에 대하여 미분하면

$$\int_1^x f(t)\,dt+xf(x)-xf(x)+f(x)$$

$$=2ae^{-2x+2}+(2ax+b)\times(-2e^{-2x+2})+b$$

$$\int_1^x f(t)\,dt+f(x)=(-4ax+2a-2b)e^{-2x+2}+b \qquad \cdots\cdots\ \text{㉢}$$

㉢의 양변에 $x=1$을 대입하면

$$f(1)=(-4a+2a-2b)+b$$

$$=-2a-b$$

$$=-2a+\frac{3}{2}a\ (\text{㉡에 의하여})$$

$$=-\frac{1}{2}a \qquad\qquad\qquad\qquad\qquad\qquad \cdots\cdots\ \text{㉣}$$

㉢의 양변을 x에 대하여 미분하면

$$f(x)+f'(x)=-4ae^{-2x+2}+(-4ax+2a-2b)\times(-2e^{-2x+2})$$

$$=(8ax-8a+4b)e^{-2x+2}$$

$$=a(8x-14)e^{-2x+2}\ (\text{㉡에 의하여})$$

함수 $g(x)=e^x f(x)$에서 $g'(x)=e^x f(x)+e^x f'(x)$이므로

위의 등식의 양변에 e^x을 곱하면

$$e^x f(x)+e^x f'(x)=a(8x-14)e^{-x+2}$$

즉, $g'(x)=a(8x-14)e^{-x+2}$이므로

$$g(x)=\int a(8x-14)e^{-x+2}\,dx$$

$$=a\int(8x-14)e^{-x+2}\,dx$$

$$=a\{-(8x-14)e^{-x+2}\}-a\int(-8e^{-x+2})\,dx$$

$$=a(-8x+14)e^{-x+2}-8ae^{-x+2}+C$$

$$=a(-8x+6)e^{-x+2}+C\ (\text{단, }C\text{는 적분상수}) \qquad \cdots\cdots\ \text{㉤}$$

㉤의 양변에 $x=1$을 대입하면

$$g(1)=-2ae+C$$

이고 ㉣에서 $g(1)=ef(1)=-\frac{1}{2}ae$이므로

$$-2ae+C=-\frac{1}{2}ae$$

$$C=\frac{3}{2}ae$$

㉤의 양변에 $x=2$를 대입하면

$$g(2)=-10a+C=-10a+\frac{3}{2}ae$$

$$g(2)=9e-c$$이므로

$$-10a+\frac{3}{2}ae=9e-c$$

a, c는 유리수이고 e는 무리수이므로 $\frac{3}{2}a=9$, $10a=c$에서

$$a=6,\ c=60$$

㉡에서

$$b=-\frac{3}{2}a=-9$$

따라서 $a+b+c=6+(-9)+60=57$